JN039480

改訂版

大学入学 共通テスト

生物 予想問題集

駿台予備学校講師
N予備校・N高等学校・S高等学校生物担当
森田 亮一朗

＊この本は，2020年1月に小社より刊行された『大学入学共通テスト　生物予想問題集』の改訂版です。

KADOKAWA

はじめに

「努力は必ず報われる。
もし報われない努力があるのならば，それはまだ努力と呼べない。」

これは世界のホームラン王・王貞治さんの言葉です。
大学入試センター試験は2020年度で廃止され，2021年度から大学入学共通テストに移行しました。十分とは言えない情報量で，不安を感じる受験生も多いのではと思います。
さて，突然ですが，「受験で五教科（英／数／国／理／社）が課されるのはなぜ？」でしょうか。あくまで私の見解ですが，答えは「五教科の試験が，最も公平に努力した力をはかれるから」だと考えています。入試は適性をはかるのではなく，あくまで目標に向かって努力できる力があるかをはかるものだと思っています。
先の見えない受験勉強は不安で苦しいとは思いますが，受験本来の努力をはかるという意味を考え，「**受験勉強では，努力は必ず報われる**」ことを信じて日々勉強に取り組んでもらえればと考えています。
本書はみなさんの努力が少しでも報われるようにと思いながら執筆しました。2021年に実施された共通テスト（第１日程）を丁寧に分析したうえで，出題者の意図を読み取った解説や，本番への準備に最適な予想問題３回分を収録しています。
先の見えない不安の中で，本書が「生物」の勉強を進めるうえで，みなさんの一筋の光となることを切に願っています。
最後になりますが，本書の企画および構成で大変お世話になりました㈱KADOKAWAの村本悠様にこの場を借りて御礼申し上げます。
また，執筆にあたりご助言を頂きました大森徹先生，授業聴講を快諾していただき授業法を教えてくださいました朝霞靖俊先生，そして私が予備校講師になるきっかけを与えてくださった伊藤和修先生。このお三方のおかげで，本書を執筆する縁を得たといっても過言ではありません。なかなか伝える機会がありませんでしたが，ここで感謝の意を申し上げます。

森田　亮一朗

改訂版　大学入学共通テスト　生物　予想問題集　もくじ

本　冊

分析編

解答・解説編

別　冊

この本の特長と使い方

別　冊

- 「問題編」：2021年に実施された「共通テスト（第1日程）」と，今後出題される可能性が高い問題を，共通テストそっくりの傾向・形式で出題した全3回分の予想問題で構成されています。

  予想問題はすべての「生物」学習者が一度は解いておかなければならない基本問題から，習得した知識をもとに必要なデータや条件を抽出したり，与えられた実験結果やデータを分析・解釈したりする考察問題など，**さまざまなレベル・形式の問題をとりあげ**，特に出題率の範囲に重点を置きながらも，**生物の全範囲を網羅**しています。

本　冊

- 「分析編」：2021年1月に実施された共通テストの傾向の分析にとどまらず，具体的な問題を例に共通テストではどのような力が求められるのか，出題の狙いは何かなどを分析しています。
- 「解答・解説編」：単なる問題の説明にとどまらず，共通テストの目玉方針である「思考力・判断力」の養成に役立つ実践的な説明をしています。

「解答・解説編」の構成　解答・解説は，大問ごとに以下のように構成されています。

- **着眼点**：その**出題のねらいや意図**をあぶり出すとともに，**解くために必要な発想**にも触れています。
- 難易度表示：易／やや易／標準／やや難／難の5段階です。
- **解　説**：単なる問題の説明にとどまらず，何に着目してデータを整理すべきか，問題文をどのように読み解くかなど，思考問題については実践的で，なおかつ別の問題でも使える再現性の高い解説を目指しています。
- **共通テスト攻略ポイント**：知っておくべきポイントを，「**共通テスト攻略ポイント**」として①～③まで掲げ，これらの攻略ポイントが有効な問題には，しっかりマークを付けて解説しています。
- **研　究**：解説で扱った知識をさらに掘り下げています。

この本の使い方　共通テストは解法パターンの暗記だけでは得点できない試験です。この本の解説を，設問の正解・不正解にかかわらず**完全に理解できるまで何度も読み返す**ことにより，センター試験のとき以上に重視されている「思考力・判断力」を身につけていってください。

分析編

共通テストはセンター試験とココが違う

【出題分野と出題分量】

2020年度 センター試験出題分野

大問	出題分野	配点	設問数(解答数)
1	生命現象と物質	18	5(5)
2	生殖と発生	18	5(6)
3	生物の環境応答	18	6(6)
4	生態と環境	18	5(8)
5	生物の進化と系統	18	6(6)
6	生命現象と物質，生物の環境応答	10	3(3)
7	生物の進化と系統	10	3(4)
合計		100	30(34または35)

※第1問～第5問は必答。第6問，第7問のうちから1問選択。計6問を解答。

2021年度 共通テスト（第1日程）

大問	出題分野	配点	設問数(解答数)
1	生命現象と物質，生物の進化と系統	14	4(4)
2	生態と環境	15	4(4)
3	生態と環境	12	3(3)
4	生物の環境応答	13	3(4)
5	生殖と発生，生物の環境応答	27	7(7)
6	生殖と発生，生物の環境応答	19	5(5)
合計		100	26(27)

※全問必答。計6問を解答。

2021年度 共通テスト（第2日程）

大問	出題分野	配点	設問数(解答数)
1	生命現象と物質，生物の進化と系統，生殖と発生	25	7(7)
2	生態と環境，生物の環境応答	22	6(6)
3	生態と環境	14	3(4)
4	生物の体内環境，生命現象と物質	15	4(4)
5	生殖と発生，生物の進化と系統	12	3(3)
6	生物の環境応答	12	3(3)
合計		100	26(27)

※全問必答。計6問を解答。

変更点１：選択問題がなくなり全問必答に変更！

センター試験では第１問〜第５問が必答，第６問・第７問は選択問題であったが，共通テストでは**全問必答**となった。

変更点２：「単元別の出題」から「単元をまたいだ横断的な出題」へ変更！

センター試験では教科書の単元に則した大問が配置されていたが，共通テストからは**複数分野の内容を含む問題がみられた**。

【難易度】

2020年度センター試験および2021年度共通テストの平均点は以下のとおりである。

2020年度センター試験	2021年度　共通テスト	
	（第１日程）	（第２日程）
57.6点	72.6点	48.7点

2018年に実施された共通テスト試行調査の平均点が35.5点であったので，共通テストも難化が予想されたが，実際は平均点が70点を超える結果となった。しかし，「生物」と「化学（平均点：57.6）」の平均点の差が大きかったために得点調整が実施されたことを踏まえると，**来年度は難化が予想される**。

試行調査および2021年度（第２日程）の平均点が低かったことから，どのように難化されるかを予想すると以下の２点である。

予想される変更点１：知識問題の出題が減少

センター試験では，重要な生物学的概念や知識を問う問題が多く出題されていた。共通テストでは知識のみで解答できる問題が減少し，「単なる知識問題」ではなく，問題を通しで内容を理解し，**各単元で習得した基本的知識を組み立てて考える問題**が出題された。今後もこのような出題が続くと考えられる。

予想される変更点２：考察する力を問う問題の出題が増加

共通テストでは「〇〇の結果から導き出される考察として最も適当なものを……」という出題が増加した。これは第１日程，第２日程ともに共通することであったが，第１日程は解答に必要なデータの分析が比較的易しかった。今後は**解答に必要なデータの分析が比較的難しい問題が多くなる**と考えられる。

2021年１月実施　共通テスト・第１日程の大問別講評

【2021年度（第1日程）　設問別正答率】

大問	解答番号	正答率
1	1	66%
	2	57%
	3	40%
	4	74%
2	5	89%
	6	91%
	7	94%
	8	70%
3	9	62%
	10	72%
	11	61%
4	12	25%
	13	90%
	14	89%
	15	85%
5	16	72%
	17	64%
	18	81%
	19	79%
	20	76%
	21	61%
	22	80%
6	23	45%
	24	68%
	25	85%
	26	83%
	27	76%

【大問別講評】

＊併せて，別冊に掲載されている問題も参照してください。

難易度は以下のように設定した。

難易度	難	やや難	標準	やや易	易
正答率（%）	0～20	21～40	41～60	61～80	81～100

第１問　標準　正答率：60%

出題テーマ
「乳糖の消化」をテーマにした 知識問題 と 考察問題

出題の特徴

問１は柔毛での吸収における能動輸送と腸内細菌の発酵に関する問題（分野：生命現象と物質），問２は遺伝子頻度を求める典型的な計算問題（分野：生物の進化と系統），問３は真核生物の遺伝子発現に関する知識問題（分野：生命現象と物質）であった。このように**各設問で異なる分野から出題**されるようになったのは共通テストになってからの傾向と言える。

第2問　易　正答率：86%

出題テーマ
「外来生物」をテーマにした**知識問題**と，２種のトカゲの「種間関係」をテーマにした**考察問題**

出題の特徴

問２～４は，ある人工島に移入されたトカゲにより，在来種のトカゲがどのような影響を受けたかをデータから判断する考察問題であった。問３は**共進化**の一例である形質置換，問４は**生態的地位の分割**という目新しいテーマであったが，データの分析が易しかったため正答率が非常に高かった。

第3問　やや易　正答率：65%

出題テーマ
草本植物群集の「生産構造図」をテーマにした**知識問題**と**考察問題**

出題の特徴

問１，問２は生産構造図，問３は光合成に関する知識をもとに，それらと**「データの分析」や「グラフの分析・解釈」による結果を組合わせて考察する力**が問われた。

第4問　やや易　正答率：74%

出題テーマ
「学習」をテーマにした**知識問題**と，鳥のさえずりをテーマにした**考察問題**

出題の特徴

問１は学習に関する知識問題であった。問３は，自種と近縁種の歌の特徴が混ざった歌をさえずる個体の繁殖成功度について，考察する問題であった。既知ではない現象について，**「初見の資料」で得られた情報を分析して解釈する力**が問われた。

第5問　やや易　正答率：75%

出題テーマ
A：「植物の発生」をテーマにした**知識問題**と**考察問題** B：「植物の環境応答」をテーマにした**知識問題**と**考察問題**

出題の特徴

A：問 1 は被子植物の発生と生殖に関する知識問題であるが，複数の分野の知識が必要であった問題であった。問 2，問 3 は植物の茎頂分裂組織から葉がつくられる仕組みについての考察問題であった。

B：根におけるクロロフィル合成についての考察問題であった。植物ホルモンに関する知識をもとに，それと**「必要なデータや条件の抽出・収集」**や**「科学的理解」の情報を統合して課題を解決する力**が問われた。

第 6 問　やや易　正答率：73％

出題テーマ
A：「脊椎動物の眼の形成」をテーマにした **考察問題**
B：オタマジャクシの眼の役割をテーマにした「動物の行動」に関する **考察問題**

出題の特徴

一つのテーマ（今回はオタマジャクシの眼）から，複数の分野（生殖と発生，生物の環境応答）の内容が出題された。これは**共通テストの「複数の内容を融合した大問を設定する」という作成方針**に沿った出題であり，今後もこのような出題形式が行われると考えられる。

共通テストで求められる学力

【出題のねらい】

共通テストを作成する大学入試センターから公表されている「**出題のねらい**」には，“**求める３つの力**”が記されている。

求める力①（イメージ：2021年度共通テスト（第１日程）第５問） 重要な生物学的概念や知識をもとに，それらと「必要なデータや条件の抽出・収集」や「科学的な理解」の情報を統合して**課題を解決する力**
求める力②（イメージ：2021年度共通テスト（第１日程）第３問） 重要な生物学的概念や知識をもとに，それらと「データの分析」や「グラフの分析・解釈」による結果を組み合わせて**考察する力**
求める力③（イメージ：2021年度共通テスト（第１日程）第４問） 重要な生物学的概念や知識をもとに，「初見の資料」や「表やグラフの数的処理」や「写真・図」で得られた**情報を分析して解釈する力**

【問題の解き方】

共通テストにおける問題の解き方を，実際に「2017年度共通テスト試行調査」「2018年度共通テスト試行調査」「2021年度共通テスト（第２日程）」の問題で講義する。

【過去問研究 1】

次の図は，同じ湿地の堆積物における約800年前から現在までの産出物の推移のなかで，特徴的なものを示している。この場所に堆積した微粒炭は，人間が行った火入れ(森林や草原を焼き払うこと)によって生じたと考えられている。花粉量の推移からわかるように，微粒炭の堆積した場所では，その後，草本からアカマツへと優占種が入れ替わった。しかし，これが典型的な二次遷移ならば，遷移が始まって数十年で，草原からアカマツの優占する陽樹林へと遷移が進行し，現在では既に陰樹の優占する森林となっているはずである。このように，この場所での遷移の進行が二次遷移としては遅いのはなぜか。その原因の合理的な推論として適当なものを，あとの①～⑤のうちから二つ選べ。

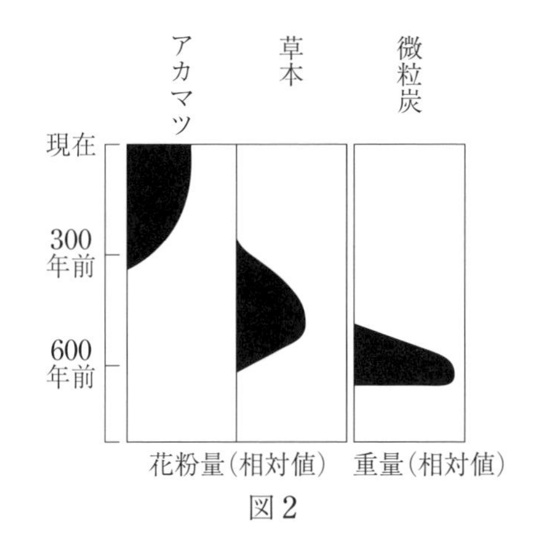

図2

① 約100年間火入れを続けたことによって，土壌有機物の多くが失われたため。

② 微粒炭のために，草本の成長が抑制されたため。

③ 火入れのために日照がさえぎられて，草本の成長が抑制されたため。

④ 極相林を構成する夏緑樹の種子が，火入れのために供給されなかったため。

⑤ 微粒炭が大量に堆積した時期以降も，人間の活動による撹乱が続いたため。

2017年度共通テスト試行調査

解　説

正解：①・⑤

①○：遷移進行中は枯死体などの有機物の供給が増加することにより土壌の腐食層が発達し，植物は根の量や深さを増やすことができる。約100年間火入れを続けると土壌有機物が供給されず腐食層が発達しなかったため，遷移が遅れたと考えられる。

②×：微粒炭が草本の成長を抑制するのであれば，微粒炭が存在している時期には草本の花粉量が増えることはない。

③×：火入れをすると植生が失われるので，日照量は増える。

④×：火入れが行われていた時期（微粒炭が存在する時期なので500～700年前）と，極相林を構成する夏緑樹の種子が供給される時期は大きくずれているため，火入れが影響するとは考えられない。

⑤○：火入れだけでなく，大規模な伐採や過放牧が行われると生態系のバランスがくずれて遷移の進行は遅くなる。

共通テスト攻略ポイント①

消去法を有効に使え！

ここで，前ページの解説を読むと「**選択肢②・③・④が誤文であることを決定することのほうが，①・⑤が正文であることを決定することよりも易しい**」と感じたのではないだろうか。共通テストでは「こういう別解も考えられるのではないか？」ということを排除するために，**正解以外を明らかに誤りにする**ことが多い。これを踏まえて**消去法を有効に使う**ことを攻略ポイントとして知っておこう。（注意：全ての問題を消去法で解くのではなく，消去法で解ける問題もあるということを忘れないように！）

【過去問研究２】

トレニア属の種A，B，Cとアゼナ属の種Dを使って，次の**実験１～３**を行った。なお，トレニア属とアゼナ属は近縁で，どちらもアゼナ科に含まれる。

実験１　種A～Dとアゼナ科の別の属の種Eについて，特定の遺伝子の塩基配列の情報を用いて分子系統樹を作成したところ，次の図１の結果が得られた。

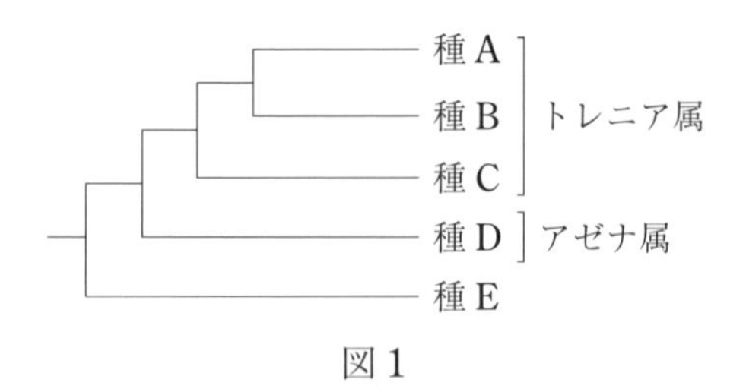

図１

実験２　種A～Dについて，発芽した花粉が付いた柱頭を切り取って培地上に置き，助細胞を除去した胚珠または除去していない胚珠のいずれかとともに，次の図２のように培養した。その後，伸長した花粉管のうち，胚珠に到達した花粉管の割合を調べたところ，次の図３の結果が得られた。

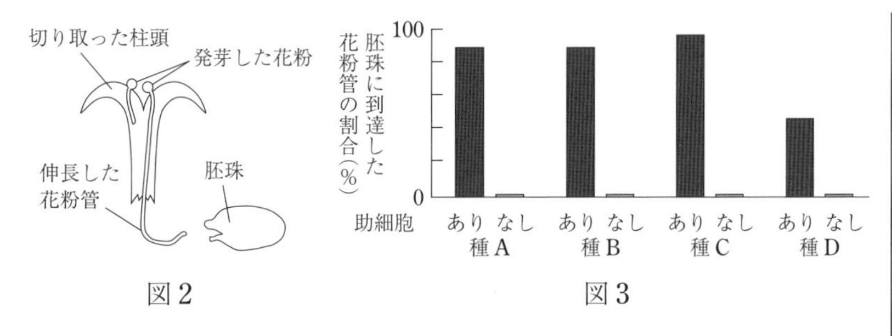

図2　　　　　　　　　　　　図3

実験3　種AまたはDの花粉を，同種または別種の柱頭に付けて発芽させた。発芽した花粉管を含む柱頭を切り取って培地上に置き，同種または別種の胚珠とともに，図2のように培養した。その後，伸長した花粉管のうち，胚珠に到達した花粉管の割合を調べたところ，次の図4の結果が得られた。

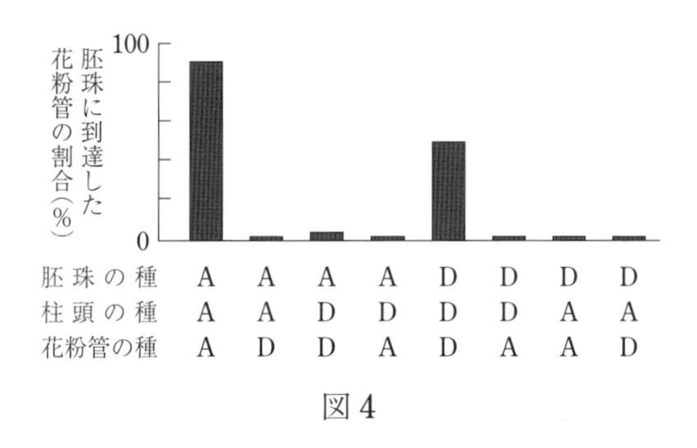

図4

助細胞が花粉管を誘引する性質について，**実験1・2**の結果から導かれる考察として最も適当なものを，次の①～⑥のうちから一つ選べ。

① トレニア属だけにみられる。

② トレニア属の種A，B，Cとアゼナ属の種Dに共通してみられる。

③ 種子植物全体に共通してみられる。

④ 維管束植物全体に共通してみられる。

⑤ トレニア属とアゼナ属の共通の祖先が，種Eの祖先と分岐した後に，獲得した。

⑥ トレニア属の種A，B，Cでは，アゼナ属に近縁であるほど，誘引する能力が低い。

2018年度共通テスト試行調査

解　説

正解：②

実験2より種A～Dの全てが，助細胞を切除していない胚珠でのみ花粉管が誘引されていることより，**種A～Dで助細胞が花粉管を誘引する性質がみられる**ことがわかる。

①×：種D(アゼナ属)でも誘引はみられる。

③×：トレニア属とアゼナ属ではでは誘引がみられるが，他の種子植物でもみられるかは**この実験だけでは判断できない**。

④×：③と同様に，維管束植物全体に共通してみられるかどうかは**この実験だけでは判断できない**。

⑤×：種Eが誘引する性質をもっているかどうかがわからないので，**判断できない**。

⑥×：「誘引する能力」が高いか低いかを調べる実験を行っていないので，**判断できない**。

共通テスト攻略ポイント②

「この実験(結果)からは判断できない」は誤り！

③～⑥は全て，この実験(または結果)からは判断することができない。「実験の結果から導かれる考察として最も適当なもの」を選ぶ場合は，**判断できないものは誤り**になることを知っておこう。

過去問研究３

実験　ハイマツを雌親に，キタゴヨウ(ハイマツの近縁種)を雄親にして，人工的に雑種個体をつくった。同様に，キタゴヨウを雌親に，ハイマツを雄親にして，雑種個体をつくった。そこで，両親個体と雑種個体から，葉緑体のDNAとミトコンドリアのDNAを抽出した。次に，それらをある制限酵素で切断して電気泳動したところ，下図の結果が得られた。

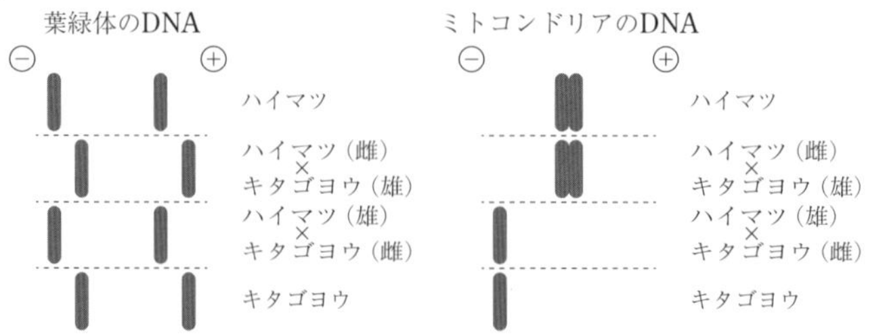

注：図中の⊕と⊖は，それぞれ泳動槽中の電極の正と負を表す。

実験の結果から導かれる考察として最も適当なものを，次の①～⑤のうちから一つ選べ。

① 葉緑体は雄親から，ミトコンドリアは雌親から，子に伝わる。

② 葉緑体は雌親から，ミトコンドリアは雄親から，子に伝わる。

③ 葉緑体とミトコンドリアのどちらも，雄親からのみ子に伝わる。

④ 葉緑体とミトコンドリアのどちらも，雌親からのみ子に伝わる。

⑤ 葉緑体とミトコンドリアのどちらも，雄親と雌親の両方から子に伝わる。

2021年度共通テスト(第2日程)

解　説

正解：①

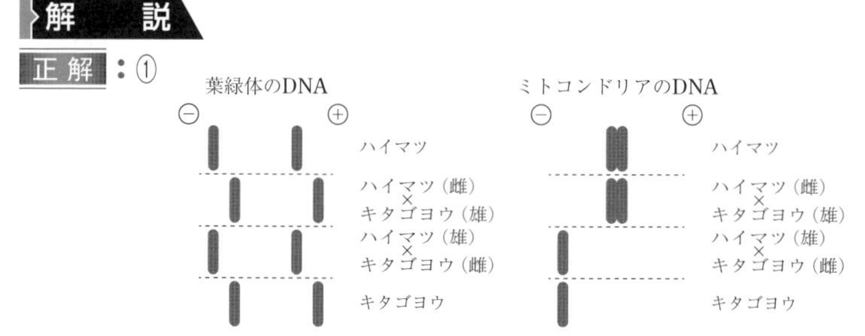

葉緑体のDNAでは「ハイマツ」と「ハイマツ(雄)×キタゴヨウ(雌)」の電気泳動の結果が同じで，「ハイマツ(雌)×キタゴヨウ(雄)」と「キタゴヨウ」の電気泳動の結果が同じであることがわかる。つまり，葉緑体のDNAは雄親と雌親の両方から子に伝わるのではなく，**雄親由来であること**がわかる。

同様に，ミトコンドリアのDNAでは「ハイマツ」と「ハイマツ(雌)×キタゴヨウ(雄)」の電気泳動の結果が同じで，「ハイマツ(雄)×キタゴヨウ(雌)」と「キタゴヨウ」の電気泳動の結果が同じでなので，ミトコンドリアのDNAは雄親と雌親の両方から子に伝わるのではなく，**雌親由来である**ことがわかる。

共通テスト攻略ポイント③

実験の着眼点は選択肢から教えてもらう！

上の解答では，唐突に葉緑体およびミトコンドリアDNAが雄親または雌親のどちら由来であるかに注目している。これは，問題の選択肢が「葉緑体とミトコンドリアのDNAは雄親または雌親のどちらから伝わるのか？」であるからである。このように，何に注目して実験を整理していいかわからない場合は，正しいとされる考察が選択肢にあるはずなので，**選択肢から着眼点を教えてもらえる**ことを知っておこう。

共通テスト対策の具体的な学習法

10ページの出題のねらいに記した“求める3つの力”には全てに共通して「重要な生物学的概念や知識をもとに…」と書かれていました。また，10ページの問題の解き方に記した通り，共通テストには解答の攻略法があることもわかっていただけたはずです。つまり，共通テスト生物攻略には「生物学的概念や知識の習得 → 共通テスト特有の解法の習得」が必要です。よって，以下のスケジュールで学習をすることを推奨します。

❶　～11月末まで：生物学的概念や知識の習得

生物を共通テストでしか使わない学生も，私大入試や二次試験まで必要な学生も，同じ“生物学”を学ぶのです，勉強のしかたは変わりません。全ての試験の出題範囲である教科書を徹底的に理解します。

ここで注意してもらいたいのが「問題集を3周する」などの誤った勉強の仕方をしないことです。当然の話ですが，共通テストでは初見の問題が出題されます。過去に解いたことのある類題が出題されることはあるかもしれませんが，基本的に試験本番で解く問題は初めて見る問題なはずです。**問題集は知識を習得するために使うのではありません，あくまでも知識が習得できているかどうかを確認するために使うものです**。よって，以下のサイクルを繰り返して，解ける問題を増やしていきましょう。

①教科書に載っている知識を自分なりに整理して理解する。
②理解できているかどうかを問題集を解いて確認する。
③間違った問題は知識が抜けているので，そこを補完する。
④さらに類題を解くことで深い定着を図る。

❷　12月から本番まで：共通テスト特有の解法の習得

共通テスト生物の対策は12月からで十分です。以下の三つを必ず，何があろうと絶対にやりましょう。

①まずはこの問題集の共通テスト・第1日程そして予想問題（第1～3回）を解く。
（共通テストを徹底的に分析して作題しました，しっかりと解いてください！）
②次に共通テスト（第2日程・追試験），そしてセンター試験の過去問を解く。
（共通テストを作成するのはセンター試験と同じ大学入試センターです。出題傾向が似ているので，少なくとも2015～2020年度の本試験および追試験を解いておきましょう。）
③各予備校の実践問題集を解く。
（本番のリハーサルをします。時間を測り，マークシートを利用するところまで再現してください。ここで，自分の知識の抜けを最終確認します。）

2021年1月実施
共通テスト・第1日程
解答・解説

100点／60分

解　答

<table>
<tr><th>問題番号(配点)</th><th>設問</th><th>解答番号</th><th>正解</th><th>配点</th><th>問題番号(配点)</th><th colspan="2">設問</th><th>解答番号</th><th>正解</th><th>配点</th></tr>
<tr><td rowspan="4">第1問(14点)</td><td>1</td><td>1</td><td>1</td><td>3</td><td rowspan="4">第4問(13点)</td><td colspan="2">1</td><td>12</td><td>5</td><td>3</td></tr>
<tr><td>2</td><td>2</td><td>3</td><td>4</td><td rowspan="2">2</td><td>A</td><td>13</td><td>2</td><td>3</td></tr>
<tr><td>3</td><td>3</td><td>5</td><td>3</td><td>B</td><td>14</td><td>7</td><td>4</td></tr>
<tr><td>4</td><td>4</td><td>4</td><td>4</td><td colspan="2">3</td><td>15</td><td>8</td><td>3</td></tr>
<tr><td rowspan="4">第2問(15点)</td><td>1</td><td>5</td><td>3</td><td>3</td><td rowspan="7">第5問(27点)</td><td rowspan="3">A</td><td>1</td><td>16</td><td>1</td><td>4</td></tr>
<tr><td>2</td><td>6</td><td>3</td><td>4</td><td>2</td><td>17</td><td>6</td><td>3</td></tr>
<tr><td>3</td><td>7</td><td>1</td><td>4</td><td>3</td><td>18</td><td>5</td><td>5*</td></tr>
<tr><td>4</td><td>8</td><td>4</td><td>4</td><td rowspan="4">B</td><td>4</td><td>19</td><td>2</td><td>4</td></tr>
<tr><td rowspan="3">第3問(12点)</td><td>1</td><td>9</td><td>4</td><td>4</td><td>5</td><td>20</td><td>4</td><td>3</td></tr>
<tr><td>2</td><td>10</td><td>5</td><td>4</td><td>6</td><td>21</td><td>3</td><td>4</td></tr>
<tr><td>3</td><td>11</td><td>6</td><td>4</td><td>7</td><td>22</td><td>2</td><td>4</td></tr>
<tr><td colspan="5" rowspan="5"></td><td rowspan="5">第6問(19点)</td><td rowspan="2">A</td><td>1</td><td>23</td><td>2</td><td>3</td></tr>
<tr><td>2</td><td>24</td><td>1</td><td>4</td></tr>
<tr><td rowspan="3">B</td><td>3</td><td>25</td><td>4</td><td>4</td></tr>
<tr><td>4</td><td>26</td><td>6</td><td>4</td></tr>
<tr><td>5</td><td>27</td><td>3</td><td>4</td></tr>
<tr><td colspan="11">(注) ＊は，①，③のいずれかを解答した場合は2点を与える</td></tr>
</table>

出題分野一覧

分野		1	2	3	4	5		6	
						A	B	A	B
細胞と分子	細胞の構造と働き	○							
	組織と個体の成り立ち								
代　　謝	代謝と酵素の働き								
	呼　　吸								
	光 合 成			○					
遺伝情報の発現	DNA の構造と複製								
	遺伝情報の発現	○							
	遺伝子研究とその応用	○							
生殖・発生・遺伝	生　　殖					○			
	発　　生					○		○	○
	遺　　伝								
生物の生活と環境	体内環境の維持								
	動物の反応と行動				○				○
	植物の環境応答					○	○		
生態と環境	個体群と生物群集		○	○	○				
	生物群集の遷移と分布								
	生態系と生物多様性		○						
生物の進化と系統	生命の起源と進化								
	生物の多様性と系統	○							

第1問 生体物質と細胞／呼吸／遺伝子の発現調節／進化のしくみ

着眼点

問1 ［ア］は設問文「**グルコースを小腸管内の濃度にかかわらず取り込む**」から判断する。［イ］は「大腸管内の細菌が乳酸を用いてどのような発酵をしているか？」という知識問題ではなく，**選択肢の二酸化炭素と酸素のうち，発生しえない気体を消去**して解答する。

問2 **ハーディ・ワインベルグの法則**を用いて計算する。

問3 **真核生物における**遺伝子発現であることに注意して解答する。

問4 下線部（b）より「**L有は，成長後もラクターゼの働きが持続する形質である**」，実験2「**転写を促進する調節タンパク質YはTを含む配列と強く結合**」，そして実験3「**チンパンジー，ゴリラ，およびオラウータンの全ての個体がCのホモ接合である**」の三つの情報から解答する。

解　説

問1 【輸送タンパク質／発酵】 ［1］ 正解：① 標準

［ア］：「濃度にかかわらず取り込む」より能動輸送が正解である。

受動輸送	濃度勾配にしたがって物質が輸送される。
能動輸送	濃度勾配に逆らって物質を輸送する（エネルギーを必要とする）。

共通テスト攻略ポイント①

消去法を有効に使え！

［イ］：大腸内の細菌による発酵で**酸素が発生することはない**ので，消去法で二酸化炭素が正解となる。

問2 【ハーディ・ワインベルグの法則】 ［2］ 正解：③ 標準

L有（遺伝子Aとする）とL無（遺伝子aとする）の遺伝子頻度をそれぞれp，q（$p+q=1$）とすると，$q^2=0.16$より$q=0.4$（また，$p=1-0.4=0.6$となる。よって，ヘテロ接合（Aa）の頻度は$2pq=2\times0.6\times0.4=0.48$となる。

問3 【真核生物の転写調節】 ［3］ 正解：⑤ 易

①×：オペロンを構成するのは**原核生物**。

②×：転写の開始にプロモーターに結合するのは**RNAポリメラーゼ**。

③×：真核生物では**選択的スプライシング**により一つの遺伝子から，**複数のポリペプチド**が合成されることがある。

④×：タンパク質合成は，**細胞質中のリボソーム**で起きる。

⑤○：細胞の種類によって遺伝子が選択的に転写されることを**選択的遺伝**

子発現という。

問4【ゲノムの多様性】 4 正解：④ 易 思

リード文，「L有は，成長後もラクターゼの働きが持続する形質である」実験2「転写を促進する調節タンパク質YはTを含む配列と強く結合」より，**L有対立遺伝子＝SNP（スニップ）の塩基がT**であることがわかる。また，実験3「チンパンジー，ゴリラ，およびオラウータンの全ての個体がCのホモ接合であること」より，ラクターゼ遺伝子はもともとSNPの塩基Cであり，**類人猿**（チンパンジー・ゴリラ・オラウータン）**からヒトへの進化の過程でSNPの塩基T**（＝L有）**が生じた**と考えられる。よって，④が正解となる。

別 解

共通テスト攻略ポイント①

消去法を有効に使え！

①×：表1においてアジアと同様に，アフリカでもSNPの塩基C（＝L無）の頻度が1.00より，生存上**有利**と考えられる。

②×：L無対立遺伝子が，ヨーロッパで最初に出現したのであれば，ヨーロッパでは**SNPの塩基Cが1.00**になるはずである。

③×：調査した二つのヨーロッパの地域でSNPの塩基T（＝L有）の頻度がほぼ1.00は**ない**。

⑤×：ヨーロッパ（スウェーデン）では**L有＞L無**。

以上より，消去法で④が正解と到達することができる。

研　究

【ハーディ・ワインベルグの法則】

対立遺伝子Aとaの遺伝子頻度をそれぞれp，q（$p+q=1$）とすると，遺伝子型の比はAA：Aa：aa＝p^2：$2pq$：q^2となる。次の五つの条件を満たしている場合，遺伝子頻度と遺伝子型の比は世代をこえても変わらない。

ハーディ・ワインベルグの法則が成立する条件

❶ 自由交配によって有性生殖をする。
❷ 注目する形質間で自然選択が働かない。
❸ 突然変異が起こらない。
❹ 集団の大きさが十分に大きく遺伝的浮動の影響を無視できる。
❺ ほかの集団との間で遺伝子の移出入がない。

第2問　生物群集　易

着眼点

問1　**外来生物**とは「本来その生態系にはいなかったが，人間が別の場所から持ち込み，そこに定着した生物」のことである。

問2　リード文「グリーンとブラウンはともに木の幹に生息するため，**種間競争が生じている**」と，図1で**導入区のブラウンは増加したが，グリーンは減少している**ことから考察する。

問3　図2で「**導入区のグリーンは留まっている幹の高さを高くしている**」ことと，図4で「**指先裏パッドの表面積は導入区 ＞ 非導入区**」から考察する。

問4　野外から採集した個体は**親個体**，人工環境下で育てた個体は**子**であることに注意して図4を見ると，親個体とその子で指先裏パッドの表面積（つまり形質）が同じ，つまり形質の変化が次代に受け継がれていることがわかる。このことから考察する。

解　説

問1【外来生物の移入】　5　正解：③　やや易

①○：このように本来その種がもつ遺伝的な固有性が失われることを**遺伝子汚染**という。

②○：外来生物が持ち込む**病原体などに対してヒトが防御機構をもたない**場合がある。

③×：外来生物を駆除して生態系を復元することは困難であるため，**法律や条例により外来生物の移入制限や拡大防止などの対策がなされている。**

④○：外来生物は「本来その生態系にいない生物」なので，在来種との間に**共進化**※の関係を有していることはあり得ない。

※共進化…生物が互いに影響を及ぼし合いながら進化する現象

問2【動物の種間競争】　6　正解：③　 

①×：**種内競争**により個体数が**増加することはない。**

②×：1998年の時点でブラウンの個体数が環境収容力に達しているかは，**この実験からは判断できない。**

共通テスト攻略ポイント②

「この実験（結果）からは判断できない」は誤り！

③○：ブラウンとグリーンの**種間競争**により，ブラウンが増加しグリーンが減少したと考えられる。
④×：ブラウン導入前のグリーンの個体数（1995年）と比べ，導入区のブラウンとグリーンの**合計個体数は2倍以上**になっている。

問3【形質置換】 7 正解：①  思

①○：導入区のグリーンは指先裏パッドの表面積を大きくすることで，幹の高い位置を利用することが可能になった。

> **+αの知識** 生態的地位（ニッチ）※の似た他種が生息している場合，形質（今回は指先裏パッドの表面積）に差が生じることで競争が緩和され，共存が可能になったと考えられる。このような形質の変化を**形質置換**といい，これは共進化の一例である。

※生態的地位（ニッチ）…各生物が生態系内で占める位置（どのような資源をどう利用するかなど）のこと

②×：非導入区のグリーンでは，枝のより高い位置の利用および指先裏のパッドの表面積の増加は**起こっていない**。
③×：図2より導入後もグリーンは存在し，**絶滅してはいない**。
④×：グリーンはブラウンとの**種間競争に負けた結果**，枝のより高い位置を利用するように指先裏パッドが変化したと考えられる（ブラウンの指先裏パッドがグリーンよりも大きいことは書かれていない）。

問4【生態的地位と共存】 8 正解：④  

①×：実験1より，導入区のグリーンは個体数が大きく減少しているので，**存続に影響がないとは言えない**。
②×：実験3より，指先裏パッドの表面積の形質は次代に受け継がれていることから，**獲得形質**（個体の成長の過程で生じたもの）**ではなく，遺伝形質**（世代を超えた変化）である。
③×：実験3より，**非導入区のグリーンでは指先裏パッドの表面積は変化していない**ので，誤り。
④○：このように同所での共存を可能にする現象（今回でいうグリーンがブラウンとの生活空間を分割）を**生態的地位の分割**という。

> **+αの知識** 似たような生態的地位を占める複数の生物種の生息場所が，空間的または時間的に異なっていることを**すみわけ**という。

（例） イワナは上流に，ヤマメは下流に分かれてすむ（空間的なすみわけ）
　　　リスは昼間に活動し，ムササビは夜間に活動する（時間的なすみわけ）

第3問　生態系の物質生産

着眼点

問1　「図1から読み取ることができる，この草本群落内部で生じた現象」が問われており，**考察問題でないことに注意**する。

問2　図1から**数値を読み取って算数をするだけ**の問題。

問3　**設問文に従って計算するだけ**の問題。まず，表1を用いてⓐ×ⓑで早春の第3層の合計面積を求める。次に，この値とⓒをかけ合わせて第3層の葉が1時間に吸収する二酸化炭素量を求める。

	早春の葉（第3層）	初夏の葉（第5層）
ⓐ：区画内の葉の乾燥重量（g）	2.0	5.0
ⓑ：葉1gあたりの面積（cm^2）	250	360
ⓒ：最上層の平均的な光量下での1時間あたりの CO_2 吸収量（mg/cm^2）	0.175	0.070

解　説

問1　【層別刈取法と生産構造図】　9　**正解：④**　標準

①×：早春の第1層の葉群（優占種P＋他種）が初夏には第3層にもち上がったのであれば，**早春の第1層の葉群の乾燥重量≒初夏の第3層の葉群の乾燥重量になる**はずである。

②×：早春から初夏にかけて他種の葉および葉以外の器官が減少していることはわかるが，その原因が落葉・落枝によるものかもしれず，個体数が変化したかどうかは**この結果から判断できない**。

共通テスト攻略ポイント②

「この結果からは判断できない」ときは誤り！

③×：早春から初夏にかけて，優占種Pの高さ20cm以下の部位では，葉以外の器官の乾燥重量は**変化していない**。

④○：早春の優占種Pの高さ20cm以上の部位（第3層）での乾燥重量は，**葉≒葉以外**であるが，初夏では**葉＞葉以外**である。よって，全体の乾燥重量に占める葉の乾燥重量の割合は高まったと言える。

⑤×：初夏の第1層の光量が，第5層の光量よりも少ないのは，**第5層～第2層の葉が光を遮（さえぎ）ることによって生じた**（高木の葉が光を遮っていたとすると，第1層の光量≒第5層の光量となる）。

問2　【群集の生産構造】　10　**正解：⑤**　易

ア ：優占種Ｐの第３層の葉群の重量は早春で $2g/m^2$，初夏で $6g/m^2$ なので，３倍に増加していることがわかる。

イ ：高さ 30cm の光量は早春で 100%，初夏ではその 10%なので，10分の１まで減少していることが分かる。

問３【光合成の計算問題】 11 **正解**：⑥ やや易

ウ ：早春の第３層が１時間に吸収する二酸化炭素量は，$2.0 \times 250 \times 0.175 = \mathbf{87.5}$ (mg)

エ ：同様の計算により初夏の第５層は $5.0 \times 360 \times 0.07 = 126$ (mg) なので，初夏のほうが１時間に吸収する二酸化炭素量（つまり光合成量）は**多かった**。

研　究

【生産構造】

❶ 生産構造は，一定の面積内に存在する植物群集を上方から順に一定の厚さの層に切り分け，各層ごとに同化器官と非同化器官の質量を測定することによって調べられる（この方法を**層別刈取法**（そうべつかりとりほう）といい，その結果を表した図を**生産構造図**という）。

❷ 広葉型の植物では光が上部の葉で遮られるので，植物群集の内部では光は急激に弱くなる。

❸ イネ科型の植物では光が植物群集の内部まで届くので，下層でも光合成が比較的活発に行われる。また，非同化器官の割合が低いので，物質生産の効率が高い。

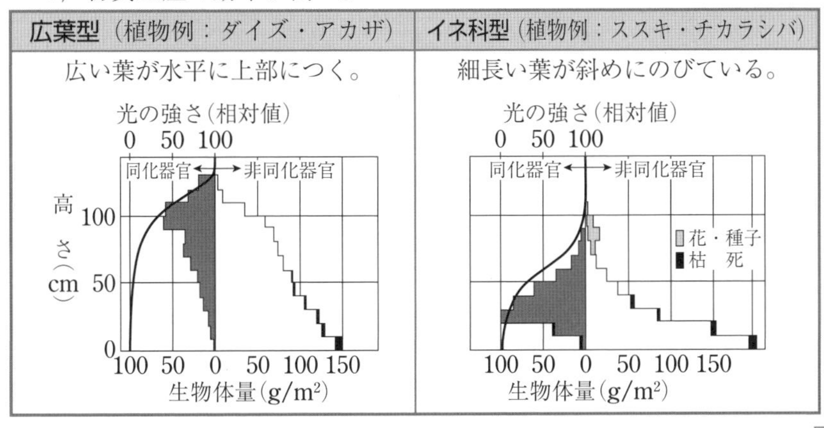

第4問 動物の行動／個体群

着眼点

問1 ⓐは**刷込み**，ⓑは**かぎ刺激によって起こる行動**，ⓒは**慣れ**の例である。これらの動物の行動のうち，**学習による行動**を選ぶ。

問2 リード文より，一部の鳥類では「X期（孵化後の一定期間）の父親の歌の記憶」と，「Y期（後の成長過程の一定期間）の歌の練習」により歌が固定する。今回の実験は，A種とB種が自種の歌をさえずることができるようになる条件が上記と同じかどうかを調べている。X期に自種の歌を聴かせるのは「**父親の歌の記憶**」，Y期の聴覚は「**歌の練習**」であることに注意して図1を見ると，**A種はX期とY期に何も経験しなくても自種の歌が固定**している。一方，**B種はX期に自種の歌を聴く必要があり，さらにY期に自らの歌を聴く必要がある**。

問3 設問文より「雄は種に固有の歌で雌に求愛する」ので，**混ざった歌をさえずる雄は求愛に失敗しやすくなる**と考えられる。これにより**繁殖効率**，**個体群の成長**，および**近縁種どうしの共存**がどうなるかを考察する。

解説

問1【生得的行動と学習による行動①】 12 正解：⑤ やや易

ⓐ：**刷込み**とⓒ：**慣れ**は**学習による行動**，ⓑ：かぎ刺激によって起こる行動は**生得的行動**である。

生得的行動	遺伝的にプログラム化された生得的な行動
学習による行動	生まれてからの経験によって変化する行動

問2【生得的行動と学習による行動②】

13 正解：② 14 正解：⑦ やや易 

A種は生まれた後に聴いた経験がなくても自種の歌をさえずることから，**生得的に自種の歌をさえずることができる**。よって，A種が歌をさえずることができるようになるためには「成長の過程で自種の歌を聴く必要はなく（ⓓ），学習は関与していない（Ⅱ）」ことがわかる。

B種は**X期に自種の歌を聴く必要があり，Y期に聴覚が必要**である。よって，B種が歌をさえずることができるようになるためには，「生まれた後の経験が必要で（ⓖ），**学習**が関与している（Ⅰ）」ことがわかる。

問3【生物の異種個体群間における競争】 15 正解：⑧ やや易 思

混ざった歌をさえずる雄は求愛に失敗しやすくなるので，**繁殖に失敗**しやすい。そのため，近縁種の歌を学習するような状況（つまり近縁種が近くにいる環境）では，混ざった歌をさえずる雄個体が出現しやすくなってしまい，両種にとってデメリット（つまり，**両種の個体群の成長は妨げられる**）となる。

このような繁殖干渉（種間の競争の一種）は**競争的排除**※をもたらし，近縁種どうしが**共存しにくくなる**。

※競争的排除…生活上の要求が似た種の間で競争が起こり，一方の種が排除されること

研　究

【動物の種間競争】

❶ 生活上の要求が似ている異種間では種間競争が激しくなるが，生活上の要求がある程度異なる種どうしであれば共存が可能である。

❷ ゾウリムシとヒメゾウリムシを同じ容器内で飼育すると，**ゾウリムシはやがて絶滅**する。

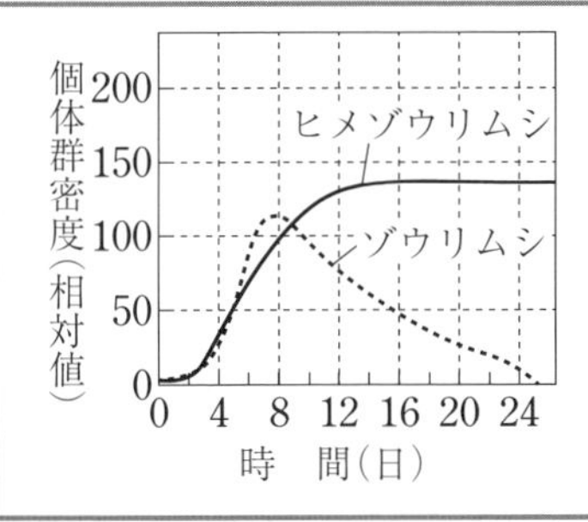

ゾウリムシとヒメゾウリムシは培養液中に浮遊する細菌を摂食する。

生活上の要求が似た種の間で競争が起こり，ゾウリムシが排除されてしまった（＝**競争的排除**）。

❸ ゾウリムシとミドリゾウリムシを同じ容器内で飼育すると，**共存することができる**。

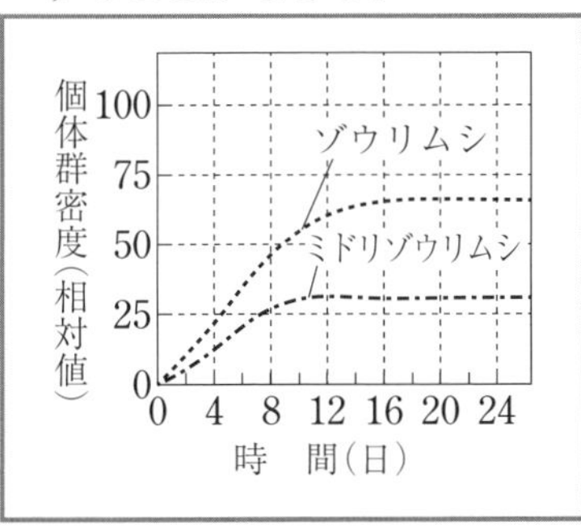

ゾウリムシは培養液中に浮遊する細菌を，ミドリゾウリムシは底層の酵母を摂食する。

生活上の要求に共通する部分が少ないため競争の程度が弱く，**共存**することができる。

第5問 A　植物の配偶子形成と受精・胚発生／植物の器官の分化

着眼点

問1　「重複受精」「フロリゲンの実体」「花の形成にかかわる調節遺伝子」「花粉と精細胞の形成」についての知識確認問題。

問2

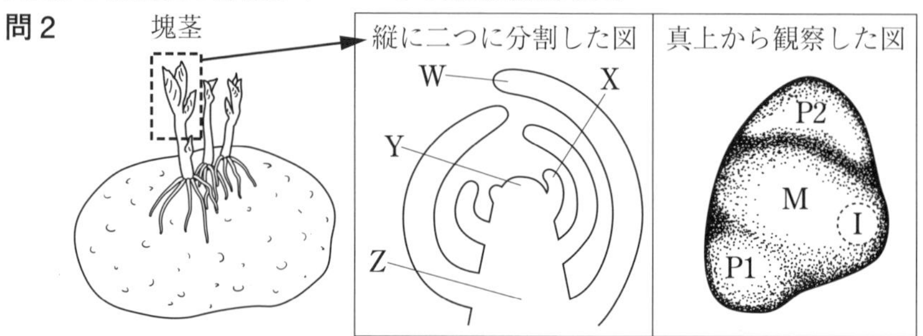

茎頂分裂組織※（M）は実験2「茎頂を真上から観察したときに見える」ことから決定する。また，「P2はP1より扁平で大きかった」と「P1もP2も扁平な葉へと成長した」から，先に形成が始まった葉がP1かP2かを決定する。

※茎頂分裂組織…茎の先端で活発に分裂な細胞分裂を行い，茎と葉，場合によっては花がつくられる。

問3　実験3「カミソリで茎頂に切れ込みを入れることで，IとMとの連絡を遮断」より，切れ込みを入れることにより，**二領域間で（化学）物質による情報伝達が行えなくなる**ことがわかる。図3「MとIの連絡を遮断すると，Iは異常な葉となる」，図2「P1，P2とIの連絡を遮断してもIに影響はない」，図3「Mを分割すると，Iは葉の向きが変化した」という三つの事柄から考察する。

解　説

問1【植物の発生】　16　**正解**：①　やや易

①×：被子植物の胚乳核の核相は$3n$，受精卵の核の核相は$2n$なので，胚乳核のゲノムDNAの量は受精卵の核の$\frac{3}{2}$倍である。

②○：フロリゲンとして働くタンパク質は葉で合成され，師管を通って茎頂まで移動し，茎頂の細胞の細胞質で受容体と結合することにより，花芽の分化に関係する一連の遺伝子群の発現を誘導する。

③○：三つのクラスの遺伝子による花の器官分化制御のしくみを**ABCモデル**という。

④○：花粉の精細胞の形成過程は以下の通りである。

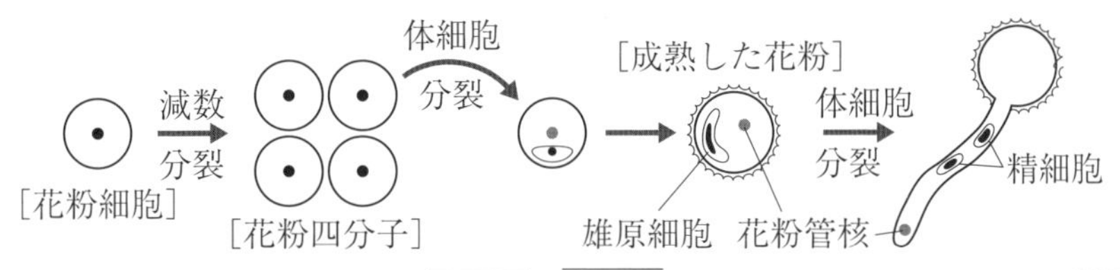

問 2 【植物の器官の分化①】 17 **正解**：⑥ やや易

茎頂分裂組織は茎の先端部分であり，二つの葉が生じたばかりの図 2 において真上から見えていることから，図 1 において**茎頂分裂組織の位置を示すのは Y** と決定できる。また，「P2 は P1 より大きい」から，図 2 において**先に形成が始まった葉は P2** と決定できる。

問 3 【植物の器官の分化②】 18 **正解**：⑤

共通テスト攻略ポイント③

実験の着眼点は選択肢から教えてもらう！

ⓐ～ⓒより，茎頂分裂組織（M）および生じたばかりの葉（P1 と P2）が「**葉を扁平にする作用**」と「**葉の向きを決める作用**」をもつかに注目して実験を整理する。

図 3　I と M の連絡を遮断すると，I は棒状の異常な葉（正常な葉は扁平）となる→ 茎頂分裂組織には「葉を扁平にする作用」がある …ⓐ○
図 4　P1，P2 と I の連絡を遮断しても I に影響はない→ 生じたばかりの葉（P1 と P2）には「葉を扁平にする作用」がない …ⓑ×
図 5　M を分割すると，I は葉の向きが変化した→ 独立した茎頂分裂組織となった M2 には「葉の向きを決める（表側を M の方に向かせる）作用」がある …ⓒ○

研　究

【シロイヌナズナの ABC モデル】

	領域 1	領域 2	領域 3	領域 4
A 遺伝子	■	■	×	×
B 遺伝子	×	■	■	×
C 遺伝子	×	×	■	■
花器官	A がく片	A＋B 花弁	B＋C おしべ	C めしべ

※A 遺伝子と C 遺伝子は，互いの働きを抑制し合っており，どちらか一方の働きが失われた場合には，他方の遺伝子が発現する。

第5問B　植物の環境応答

着眼点

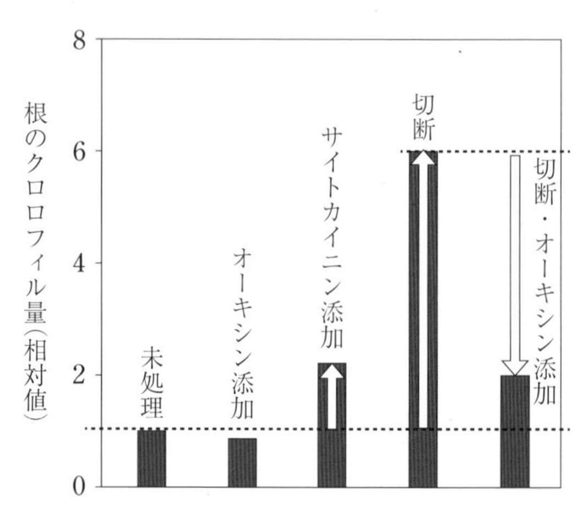

問4　オーキシンおよびサイトカイニンの作用を考察するので，**未処理を基準**にする。

図6の「サイトカイニン添加で根のクロロフィル量増加」「切断で根のクロロフィル量増加」「切断で増加したクロロフィル量は，オーキシンにより減少」という結果から考察する。

問5　①～⑤のうち**オーキシン**が関与する現象は一つなので，それを選ぶ。

問6　石灰水が濁らなくなった理由が「**根の光合成**によって二酸化炭素が吸収されたから」であることを示すために必要な追加実験を考える。

問7　実験の目的が「樹木に取りついたランの根がなぜ緑色になるのか，その仕組みを調べるため」なので，目的に必要ではない測定を選べばよい。

解　説

問4【成長の調節①】　19　正解：②　やや易　思

根のクロロフィル量の増加が「根の緑化促進」であることから，**サイトカイニン添加により根の緑化が促進された**と考察できるので②が正解である。また，切断も根の緑化促進の作用があり，切断した根にオーキシンを添加するとクロロフィル量が減少していることから，**オーキシンは根の緑化を阻害する**と考察できる。なお，“切断”は「茎や葉による作用をなくす」ことである。よって，**茎や葉は，根の緑化を阻害**していることがわかる。

問5【成長の調節②】　20　正解：④　やや易

①×：青色光を**フォトトロピン**が感知すると気孔が開く。また，乾燥状態になると**アブシシン酸**が合成されることにより気孔が閉じる。

②×：果実の成熟には**エチレン**がかかわっている。

③×：**春化**※にかかわっているのは**フロリゲン**である。

※春化…秋まきコムギやライムギの種子が低温にさらされることで花芽を形成できるようになる現象。

+αの知識 春化にかかわっているのは，茎頂分裂組織のフロリゲンの応答ではなく，**葉のフロリゲンの合成能力**であることがシロイヌナズナを用いた研究により判明した。低温にさらされる前に形成されたシロイヌナズナの葉では，日長条件によらずフロリゲンを合成できない状態になっている。しかし，低温にさらされた後に形成された葉では日長条件に応じて，フロリゲンを合成できる状態になることが示されている。

④○：**頂芽優勢**※には**オーキシン**と**サイトカイニン**がかかわっている。

※頂芽優勢…頂芽の成長が活発なときには側芽の成長が抑えられるが，頂芽を切り取ると側芽の成長が促進される現象。

+αの知識 頂芽優勢の仕組みは，頂芽に由来するオーキシンが，茎の中で側芽の成長に必要なサイトカイニンの合成を妨げ，それにより側芽の成長を抑えている。

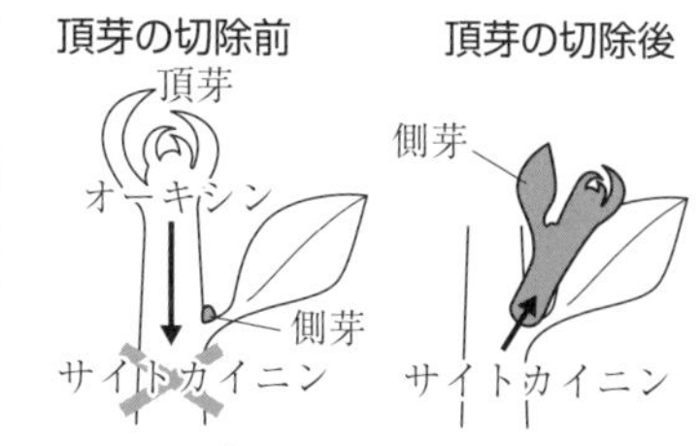

⑤×：花芽形成を促進する物質は**フロリゲン**である（フロリゲンの実体は，シロイヌナズナでは**FT**，イネでは**Hd3a**というタンパク質で，調節タンパク質と協力して花芽形成にかかわる遺伝子を制御する）。

問6【追加実験の設計①】 21 **正解**：③ 

①○・②○：根を入れない実験および光をあてない実験で石灰水が濁らなければ，根による光合成により石灰水が濁ったと言える。

③×：石灰水が濁らなくなった理由を調べるので，**石灰水を他のものに代えてはいけない**。

④○：二酸化炭素により石灰水が濁ることを確認する実験。

⑤○：光合成により石灰水が濁らなくなることを確認する実験。

問7【追加実験の設計②】 22 **正解**：② 

共通テスト攻略ポイント①

消去法を有効に使え！

「**なぜ緑なのか**」を調べるためにクロロフィル量の測定は必要である（①○）。また，「**その仕組み**」を調べるためには，図6よりオーキシン濃度とサイトカイニン濃度の測定も必要である（③○・④○）。よって，消去法で②が適当でない。

第6問A 初期発生の過程

着眼点

問1　下線部 (a) の「眼ができる」は，どのような現象で起きるのかを考える。

問2　設問文「領域 M の細胞の分化能力を抑制するタンパク質X」と，図1でタンパク質Xが分布していた領域 M には眼が形成されていないことから，**タンパク質Xは領域 M の細胞の眼胞への分化能力を抑制する**ことがわかる。

解　説

問1【誘導の連鎖（眼の形成）】 23 **正解**：② 標準

①× ：**母性因子**※は，受精卵内における偏りやその働きにより**体軸の決定**に関与する（なお，母性因子の mRNA は眼が形成される時期には分解されているので，移植時には存在しない)。

※母性因子…卵形成の過程で，卵の細胞質基質にはさまざまな mRNA やタンパク質が蓄えられる。これらのうち，発生過程に影響を及ぼすもの。

②○ ：「眼ができる」のは**誘導の連鎖**によってである。

③× ：ホメオティック遺伝子の発現により，**器官が形成される**（例：ショウジョウバエでは，ホメオティック遺伝子の突然変異により頭の体節に触角や眼が形成，胸の体節にあしやはねが形成)。なお，ホメオティック遺伝子の発現は眼が形成される時期には終了している。

④× ：再生とは「からだの一部分が何らかの理由で失われたとき，それに該当する部分が**復元される現象**」なので，移植した部分に眼が形成されるのは再生ではない。

⑤× ：二次胚が生じるときの形成体は**原口背唇部**（将来は脊索になる領域）であり，眼が形成される時期には存在しない。

問2【誘導のしくみと細胞の分化】 24 **正解**：① 標準

タンパク質Xが分布する範囲が**著しく拡大**すると，領域 M は眼胞への分化が抑制されるので，**眼が形成されない**。

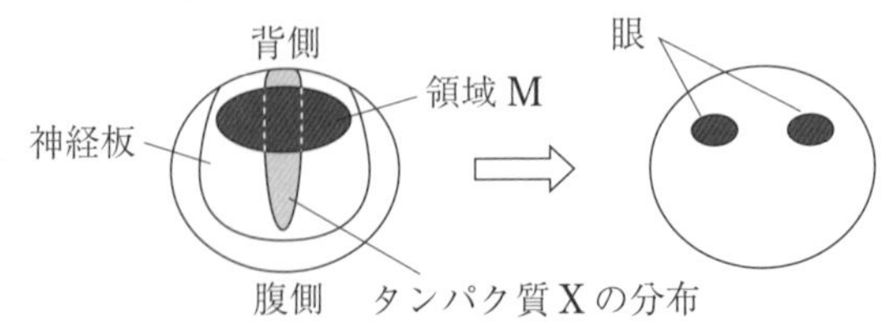

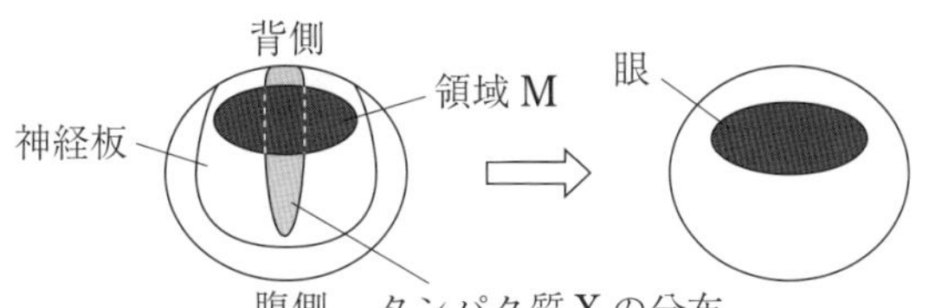

逆に，タンパク質Xが分布する範囲が**ほとんど消失**すると，領域Mは抑制されないので，**中央に**眼が**一つ**できると予想される。

研　究

【誘導の連鎖】

❶　複雑な構造の形成において，ある部位の誘導を受けて分化した組織が，さらに別の組織の誘導を引き起こすといった，連続した誘導がみられることがある。これを**誘導の連鎖**という。

❷　眼の形成過程では，神経管の前方に生じた膨らみ（**眼胞**）がくぼんで**眼杯**になり，接している表皮を**水晶体**に誘導する。さらに，水晶体は接している表皮を**角膜**に誘導する。

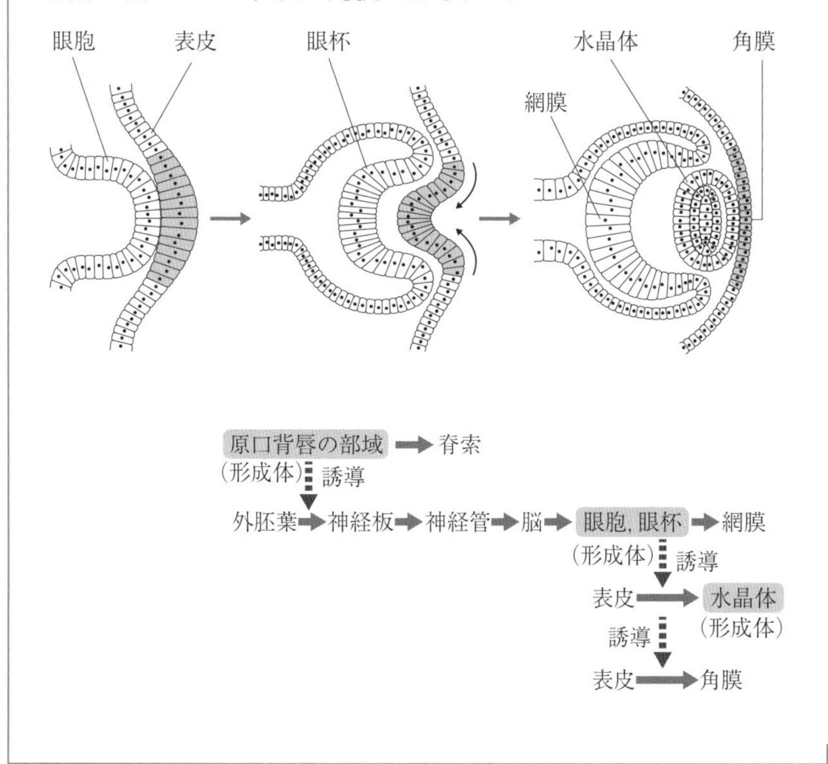

第6問B　刺激の受容と反応　易

着眼点

問3　図2より「**赤色光と青色光で遊泳速度に変化が生じる**」ことと，「**正常と眼がないオタマジャクシ（ノーアイ）では遊泳速度の変化に大きな差がない**」ことがわかる。

問4　電気ショック無・正常のオタマジャクシが赤色光を照射した領域に滞在した時間の割合が50%＝青色光を照射した領域に滞在した時間の割合も50%＝**特定の光を選択して滞在しているわけではない**ことに注意して図4を見ると，電気ショック有，正常のオタマジャクシでは電気ショックを与える赤色光の領域に滞在した時間が短い。つまり **“赤色光の領域では電気ショックを与えられる” ということを学習した**ことになる。しかし，ノーアイではこの学習がみられないことから，**学習には眼に光が入ることが必要である**ことがわかる。

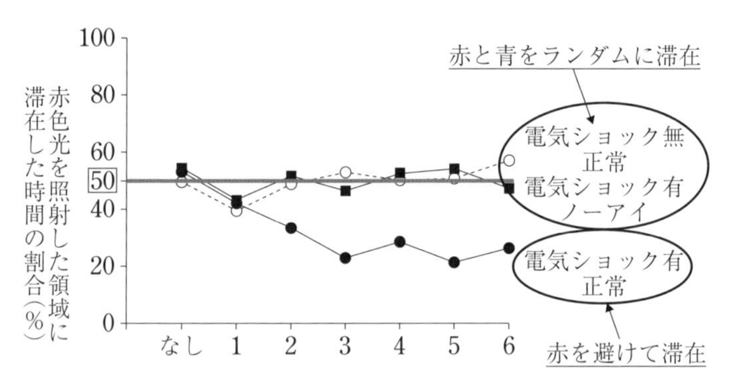

問5　**学習が成立するためには，情報が脳に伝わる必要がある**。また図5より，テイルアイの尾にできた眼からの軸索伸長が**脊髄方向に伸長したものだけが，学習が成功**していることがわかる。

解　説

問3【刺激の受容】　25　正解：④

①× ：一時的には逆転しているが，基本的に正常はノーアイに比べて遊泳速度が**遅い**。

②× ：青色を光照射した状態では，赤色光を照射した状態に比べて遊泳速度が**速くなっている**。

③× ：赤色光が照射されている間，遊泳速度は**一度遅くなった後に速くなる**。

④○ ：正常とノーアイの遊泳速度の変化に大差がないことから，赤色光と

青色光の照射状態を識別するのに，**眼に光が入力する必要はない**。

問 4 【学習による行動】 26 正解：⑥ 標準 思

図 4 からわかる正常のオタマジャクシは“赤色光の領域では電気ショックを与えられる”ということを学習した」と「学習には眼に光が入ることが必要である」ことより，学習成立には **“眼に赤色光が入る”** ＋ **“電気ショックを与える”** ことが必要であるとわかる。

問 5 【情報の統合】 27 正解：③ 標準 

テイルアイの尾にできた眼からの軸索が脊髄まで伸長した場合には，**脊髄を経由して脳に情報が伝わり，学習が成立**すると推論される。

研　究

【脊髄の構造と興奮の反射経路】

❶　脊椎動物の中枢神経系は脳と脊髄からなり，複数の情報を中枢神経系で統合処理して，初めて動物の反応が決まる。

❷　脊髄は受容器や効果器と脳との間の興奮の中継に働く。

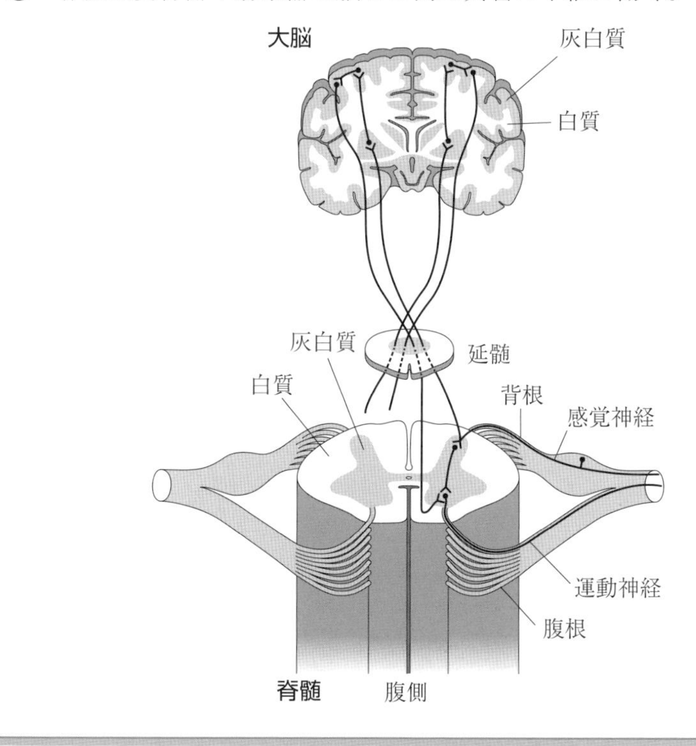

予想問題・第1回 解答・解説

100点／60分

解　答

問題番号(配点)	設問		解答番号	正解	配点
第1問(12)	1		1	8	2
			2	6	2
	2		3 - 4	4 - 6	5[*1]
	3		5	3	3
第2問(21)	A	1	6	3	4
		2	7	1	2
			8	4	2
	B	3	9	1	3
		4	10	2	3
		5	11	4	4
		6	12	6	3
第3問(21)	A	1	13	3	3
		2	14	2	4
		3	15 - 16	4 - 6	5[*1]
	B	4	17	8	3
			18	1	3
			19	3	3

問題番号(配点)	設問		解答番号	正解	配点
第4問(15)	A	1	20	5	3
		2	21	4	3
		3	22	5	3
	B	4	23	2	3
		5	24	6	3
第5問(20)	1		25	5	4
			26	8	4
	2		27	4	4
	3		28	5	4
	4		29	4	4
第6問(11)	1		30	2	2
	2		31	7	3
			32	4	3
	3		33	4	3

(注)
1　＊1は両方正解した場合は5点，いずれか一方のみ正解の場合は2点を与える。
2　－（ハイフン）でつながれた正解は，順序を問わない。

出題分野一覧

分野		1	2		3		4		5	6
			A	B	A	B	A	B		
細胞と分子	細胞の構造と働き									○
	組織と個体の成り立ち									
代　謝	代謝と酵素の働き									
	呼　吸									
	光 合 成				○					
遺伝情報の発現	DNA の構造と複製									
	遺伝情報の発現									○
	遺伝子研究とその応用									
生殖・発生・遺伝	生　殖								○	
	発　生		○	○						
	遺　伝			○					○	
生物の生活と環境	体内環境の維持							○	○	○
	動物の反応と行動		○			○				
	植物の環境応答				○				○	
生態と環境	個体群と生物群集	○					○			
	生物群集の遷移と分布									
	生態系と生物多様性	○								
生物の進化と系統	生命の起源と進化									○
	生物の多様性と系統									

第1問　個体群の成長と密度効果／外来生物の移入

着眼点

問1　よく動き，生息地域内での行動範囲の広い動物などの個体群において構成する個体数を知るため，**標識再捕法**が用いられる。以下の式を用いて，個体数を推定する。

> 全個体数：1回目の捕獲数(標識をつけた個体数)
> ＝2回目の捕獲数：再捕獲した標識個体数

問2　2年目と3年目を比較すると，胃に餌生物が見られた外来魚の割合は90%から50%と減少しており，それと同じように餌生物の中に占める在来魚の割合も70%から30%と減少している。これより「2年目のときは**主に在来魚が捕食**されていた」「3年目の外来魚の餌不足は**在来魚の減少**が原因である」ことがわかる。

問3　地球上でさまざまな原因によって絶滅の恐れがある生物である**絶滅危惧種**を，選択肢の中から選ぶ。

解　説

問1　**【標識再捕法】**　［ 1 ］　**正解**：⑧　　［ 2 ］　**正解**：⑥　易

1年目の在来魚の個体数(xとする)は，$x：564＝484：22$より，
$x＝12408 \fallingdotseq 12000$

3年目の外来魚の個体数(yとする)は，$y：16＝24：4$より，$y＝96$

問2　**【外来生物の侵入による個体群の絶滅】**

［ 3 ］・［ 4 ］　**正解**：④・⑥　　やや難　思

	2年目 (在来魚：362匹，外来魚：32匹)	3年目 (在来魚：ほぼ0，外来魚：96匹)
	外来魚のようす 胃内容物(在来魚70%，小動物30%)	外来魚のようす 胃内容物（在来魚5%，小動物95%）
胃に餌生物あり		
胃に餌生物なし		

①×：この外来魚の食性には柔軟性があるが，３年目で胃に餌生物が見られた外来魚は50％と減少していることから，餌不足となり将来的に**個体数は減少する**と考えられる。
②×：外来魚が増えたことによる**密度効果**※を受けるのは外来魚であり，在来魚ではない（在来魚が減少した原因は**外来魚による捕食**である）。
※密度効果…個体群密度が個体や個体群の成長，さらに個体の生理的・形態的な性質を変えること
③×：３年目の在来魚は絶滅寸前の状態であるにもかかわらず，外来魚の胃に在来魚が見られることから，**捕食圧は大きいまま**である。
④○：２年目から３年目にかけて，胃に餌生物が見られた外来魚の割合は90％から50％と減少していることから，外来魚に**餌不足が起こっている**と考えられる。
⑤×：外来魚が確認された２年目以降に在来魚が激減していることから，**激減の原因は外来魚による捕食**であると考えられる。
⑥○：外来魚の侵入により**生態系のバランスが崩れている**ので，捕食者の外来魚を駆除して減少させたとしても，この池の在来魚の個体数は元のように増加することは難しい。

問３ 【絶滅危惧種と外来生物】 5 **正解**：③ 標準

③：ヤンバルクイナが絶滅危惧種で，残りの①：オオクチバス，②：ブルーギル，④：マングース，⑤：ウシガエルは**外来生物**※である。
※外来生物…人間活動によって本来の生息場所から別の場所へ持ち込まれ，その場所に住み着いている生物。

絶滅危惧種：さまざまな原因によって絶滅の恐れがある生物
生物例　ヤンバルクイナ
外来生物：人間活動によって本来の生息場所から別の場所へ持ち込まれ，その場所に住み着いている生物
生物例　オオクチバス，ブルーギル，マングース，ウシガエル

第2問A 誘導と形成体のはたらき／筋節の長さ

着眼点

問1　図1のAは神経管，Bは脊索を示す。表1の結果より「初期神経胚では神経管と脊索がなければ，体節から筋芽細胞への分化が起こらない（実験1）」「後期神経胚では神経管側部があれば，体節から筋芽細胞への分化が起こる（実験2）」ことがわかる。

問2　骨格筋が収縮するためにミオシン頭部がアクチンフィラメントに結合する必要があり，筋原繊維中での，この**結合の数に応じて，筋に生じる張力が変わる**。

解　説

問1　**【筋芽細胞の分化のしくみ】**　[6]　**正解**：③　やや難

A（神経管）とB（脊索）を組み合わせた培養実験1・2より，次のことがわかる。

実験1	：体節から筋芽細胞への分化が起こるためには，初期神経胚において神経管と脊索が必要である。
実験2	：後期神経胚では，神経管側部があれば体節から筋芽細胞への分化が起こる。

実験結果より，体節から筋芽細胞への分化は以下の仕組みで起こる。

（過程1）初期神経胚から後期神経胚にかけて，神経管側部が体節を筋芽細胞へ誘導する能力を獲得する。

（過程2）誘導する能力を獲得した神経管側部が体節に働きかけ，筋芽細胞に分化する。

①×：組織を切り出すという操作自体が筋芽細胞への分化に影響を与えているのであれば，表1の**キ**の組合せでも筋芽細胞への分化がみられないはずである。**キ**のように，組織の組合せ以外は分化に影響を与えないことを示す実験が**対照実験**である。

②×：神経管側部が体節を筋芽細胞に分化させる能力は，**初期神経胚から後期神経胚の間に獲得される**ことはわかるが，後期神経胚と特定することはできない。

③○：脊索が神経管に働きかけることにより，神経管側部が体節を筋芽細胞に分化させる能力を獲得する。しかし，実験2では**後期神経胚になると脊索がなくてもその能力を獲得している（イ）**ので，脊索は常に存在する

必要はない。

④$^{×}$：実験１・２で側板を組み合わせなくても筋芽細胞への分化がみられるので，**側板は必要ではない**。

⑤$^{×}$：この実験からでは，カエルで同じ実験を行ったときの結果がどのようになるかは**判断できない**。

共通テスト攻略ポイント②

「この実験（結果）からは判断できない」は誤り！

問２　【筋節の長さ】　7　正解：①　　8　正解：④　標準

下の図中のⓐ～ⓒの状態の模式図は以下の通りである。

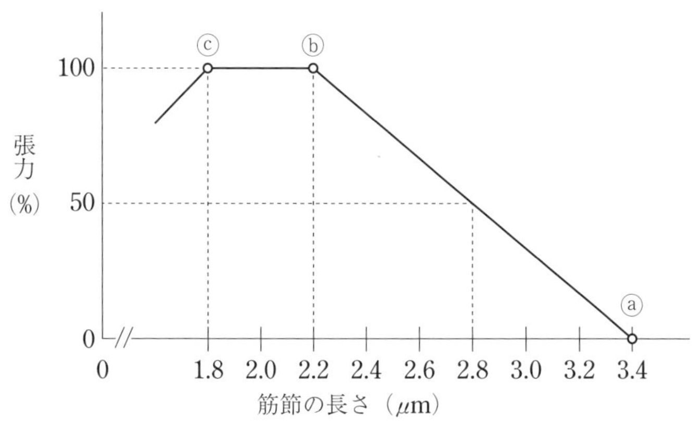

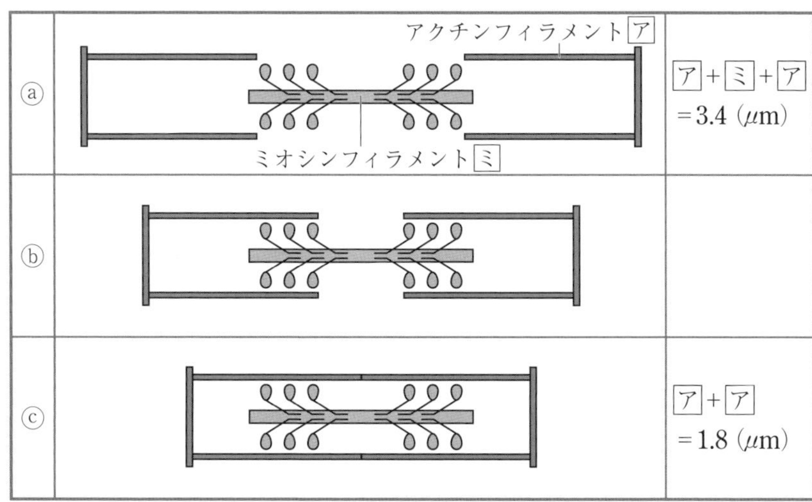

ⓒより，アクチンフィラメント（＝ア）の長さは0.9（μm），さらにⓐより，ミオシンフィラメント（＝ミ）の長さは$3.4-0.9\times2=1.6$（μm）となる。

第2問B 常染色体と性染色体の遺伝／遺伝子導入

着眼点

問3　実験1で赤眼の雌と白眼の雄を交雑すると，F_1が全て赤眼であったことから，**赤眼が優性（顕性），白眼が劣性（潜性）**であることがわかる。また，F_1どうしを交配すると，雌は赤眼：白眼＝1：0，雄は赤眼：白眼＝1：1と**雌雄で結果が異なる**ことから，この遺伝様式が**伴性遺伝**※であることがわかる。

※伴性遺伝…両方の性にみられる形質に関する遺伝のうち，性によって現れ方の異なる遺伝のこと

問4　実験2で遺伝子Rを**将来生殖細胞に分化する細胞を選んで注入したこと**に注意する。

問5　T_1どうしを交配すると，雌雄ともに赤眼：白眼＝3：1と**雌雄で同じ割合になる**ことから，この遺伝様式が伴性遺伝でないことがわかる。

解説

問3　【伴性遺伝の見抜き方（その1）】　9　正解：①　標準

①情報を整理する

・赤眼の雄と白眼の雄を交配するとF_1は**すべて赤眼**→赤眼が**優性**である。
・F_2で**雄と雌に違い**が生じている→眼の遺伝子は**性染色体**に存在している。

②遺伝記号を用いて再現する

赤眼の遺伝子をR，白眼の遺伝子を$\boldsymbol{r}$とすると，キイロショウジョウバエの性染色体の構成は雌ヘテロ(XY)型であるから，

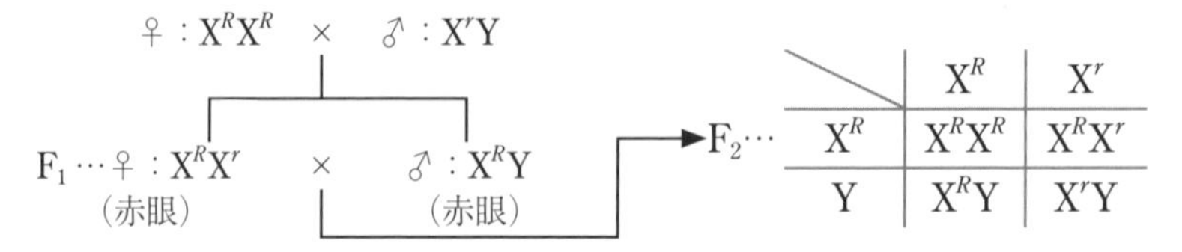

となり，表2に示す結果が説明できる。よって，赤眼遺伝子Rは第1染色体(X染色体)に存在していることがわかる。

問4　【遺伝子導入】　10　正解：②　やや難

赤眼の遺伝子Rは将来生殖細胞に分化する細胞にのみに注入したので，将来眼になる細胞には存在しない。よって，遺伝子Rが導入されたこの胚(両親が劣性（潜性）の白眼)からは白眼の個体が生じる。

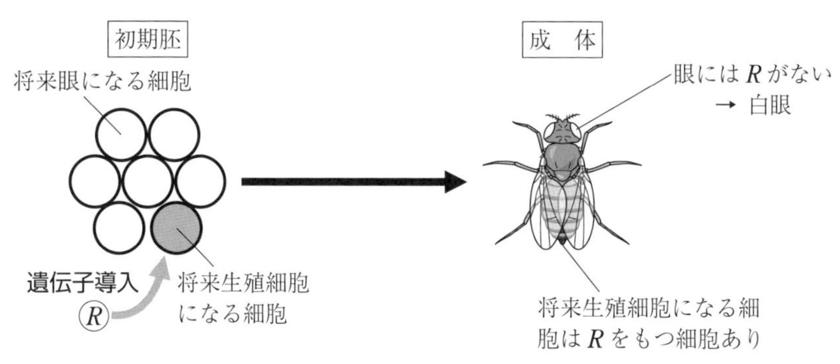

問5 【伴性遺伝の見抜き方（その2）】 11 **正解**：④ やや難

シンヤの会話「注入されたDNAは染色体のどこかに，ある程度ランダムに組み込むことができる」より，赤眼遺伝子 R が**X染色体**に導入されたのか，**常染色体**に導入されたのかを考えなければならない。

(i) R が**X染色体**に導入された場合

伴性遺伝の場合は実験1のように，第二世代(T_2)までに雌雄で分離比の違いが生じるはずである。しかし，表3の結果より T_1(赤眼)どうしを交配しても**雌雄ともに**赤眼：白眼＝3：1なので，R がX染色体に導入されていないことがわかる。

(ii) R が**常染色体**に導入された場合

遺伝記号を用いて再現すると，

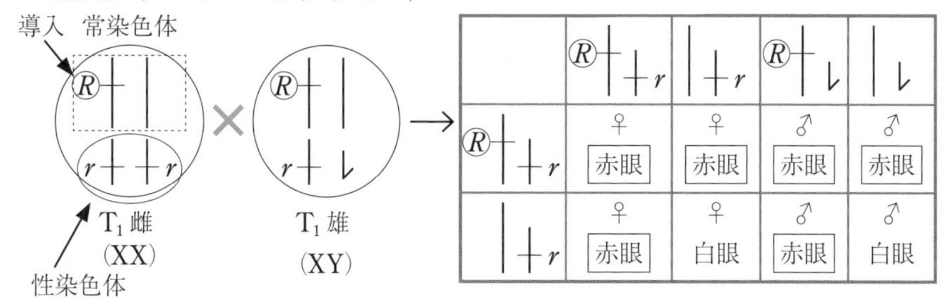

これより，生じた子は雌雄ともに赤眼：白眼＝3：1となり，実験2の表3の結果と一致する。よって，本来 R はX染色体上にあるが，遺伝子導入された T_1 では R は常染色体上にあり，T_1 の遺伝子型は雌雄ともに Rr のヘテロ接合体であったことがわかる。

問6 【ショウジョウバエの体節構造形成のしくみ】

12 **正解**：⑥ 標準

からだを区画化して体節の形成を促す調節遺伝子は**分節遺伝子**と総称され，ギャップ遺伝子 → ペア・ルール遺伝子 → セグメント・ポラリティ遺伝子の順に発現する。

第3問A　植物ホルモン／光合成速度と蒸散速度

着眼点

問1　気孔の閉口に関与している植物ホルモンは**アブシシン酸**である。

問2　図1に蒸散速度(T)および見かけの光合成速度と蒸散速度の比（P/T）が与えられているので，**$T \times P/T$より**，見かけの**光合成速度(P)を計算**する。

（例）　7時における見かけの光合成速度(P)の計算

蒸散速度(T)	見かけの光合成速度と蒸散速度の比(P/T)	**見かけの光合成速度(P)**
2	0.045	$2 \times 0.045 = 0.09$

問3　**問2**で求めた蒸散速度(T)，見かけの光合成速度と蒸散速度の比(P/T)および，見かけの光合成速度(P)と，リード文「なお，呼吸速度は測定した時間帯では温度が高いほど大きく」より，**情報を整理して解答**する。

解　説

問1　**【植物ホルモンと主な働き】**　13　**正解**：③　標準

①$^{\times}$：種なしブドウの生産に利用されるのは**ジベレリン**。

②$^{\times}$：果実の成熟を引き起こすのは**エチレン**。

③$^{\bigcirc}$：種子の休眠を誘導するのは**アブシシン酸**。

④$^{\times}$：**サイトカイニン**の働きで側芽の成長は促進されるが，頂芽から輸送される**オーキシン**によってサイトカイニンの合成が抑制されるため，頂芽（植物の茎の先端）が存在すると，側芽の成長は抑制される（＝頂芽優勢）。

⑤$^{\times}$：セルロースを横方向に合成させ，植物細胞の伸長成長を促進するのは**ジベレリン**。

問 2 【時間の変化に伴う見かけの光合成速度上昇の原因特定】

14 **正解**：② やや難 思

朝（7時）から夕方（17時）の時間帯の蒸散速度（T），PとTの比，および$T \times P/T$とで求める見かけの光合成速度（P）は以下のようになる。

時刻	蒸散速度（T）	PとTの比（P/T）	見かけの光合成速度（P）
7時	2	0.045	0.09
9時	8	0.025	0.20
11時	32	0.015	0.48
13時	32	0.015	0.48
15時	18	0.015	0.27
17時	4	0.01	0.04

このデータより「見かけの光合成速度（P）の変化量」で整理をすると以下のようになり，変動が最も大きいのは9～**11**時であることがわかる。

	7～9時	**9～11時**	11～13時	13～15時	15～17時
変化量	+0.11	**+0.28**	0	−0.21	−0.23

問 3 【見かけの光合成速度と蒸散速度の比の変化】

15 ・ 16 **正解**：④・⑥ やや難

①○：9時から11時にかけて$\frac{P}{T}$が低下しているのは，見かけの光合成速度の上昇（**0.2→0.48：2.4倍**）よりも蒸散速度の上昇（**8→32：4倍**）のほうが大きいからである。

時刻	蒸散速度（T）	PとTの比（P/T）	見かけの光合成速度（P）
9時	8	0.025	0.2
11時	32	0.015	0.48

②○：11時から15時にかけて$\frac{P}{T}$の変化が小さいのは，見かけの光合成の変化（**0.48→0.48→0.27**）と蒸散速度の変化（**32→32→18**）の傾向が似ているからである。

時刻	蒸散速度（T）	PとTの比（P/T）	見かけの光合成速度（P）
11時	32	0.015	0.48
13時	32	0.015	0.48
15時	18	0.015	0.27

③○：15時における $\frac{P}{T}$ が9時における $\frac{P}{T}$ よりも小さいのは，見かけの光合成速度の増加(**0.2→0.27：1.35倍**)よりも蒸散速度の増加(**8→18：2.25倍**)のほうが大きいからである。

時刻	蒸散速度(T)	PとTの比(P/T)	見かけの光合成速度(P)
9時	8	0.025	0.2
15時	18	0.015	0.27

④×：リード文「**なお，呼吸速度は測定した時間帯では温度が高いほど大きい**」より，11時から13時では気温が下がり呼吸速度が低下しているので，葉内の二酸化炭素濃度上昇の原因は呼吸速度の上昇ではない。

⑤○：11時から13時は蒸散速度が高いが，これはその時間に光合成がさかんに行われ，不足する葉内の二酸化炭素を補うために気孔を開口したからである。

時刻	蒸散速度(T)	PとTの比(P/T)	見かけの光合成速度(P)
11時	32	0.015	0.48
13時	32	0.015	0.48

⑥×：15時から17時にかけて，見かけの光合成速度の低下は速い(**0.27→0.04**)。

時刻	蒸散速度(T)	PとTの比(P/T)	見かけの光合成速度(P)
15時	18	0.015	0.27
17時	4	0.01	0.04

研　究

【さまざまな植物ホルモン】

名称	主な特徴と働き
オーキシン	・**極性移動**(先端部から基部方向へ移動) ・成長を促進する**最適濃度**が器官(根・茎)により異なる ・**頂芽優勢**(側芽の成長が抑制される現象) ・**離層形成**の**抑制** ・不定根の形成
ジベレリン	・**単為結実**の促進(受粉なしの果実肥大) ・種子の**休眠打破**，発芽促進 ・細胞の**縦方向**への成長(伸長成長)促進
サイトカイニン	・側芽の成長促進 ・葉の老化抑制
アブシシン酸	・種子の**休眠維持**，発芽抑制 ・気孔の**閉鎖**
エチレン	・果実の成熟 ・**離層形成**の**促進**(落葉・落果の促進) ・細胞の**横方向**への成長(肥大成長)促進
ブラシノステロイド	細胞の縦方向への成長(伸長成長)促進
ジャスモン酸	食害に対する応答
フロリゲン※	**花芽形成**の促進

※フロリゲンの実体は，シロイヌナズナではFT，イネではHd3aという調節タンパク質である。

第3問B　活動電位の発生のしくみ

着眼点

問4　活動電位の発生に関与する「電位依存性ナトリウムチャネル」と「電位依存性カリウムチャネル」におけるイオンの移動は以下の通りである。ここで，チャネルは**濃度勾配にしたがって，特定のイオンが**チャネルの中を通過して，膜の反対側に移動するという性質に注意する。

①膜電位が上昇する過程

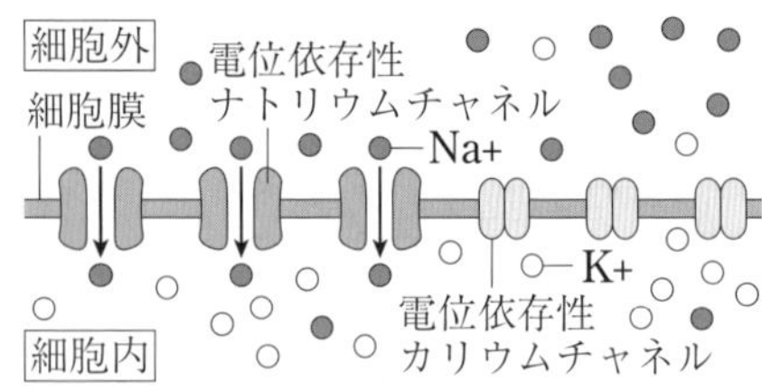

（Na^+ が細胞内に流入する）

②膜電位が下降する過程

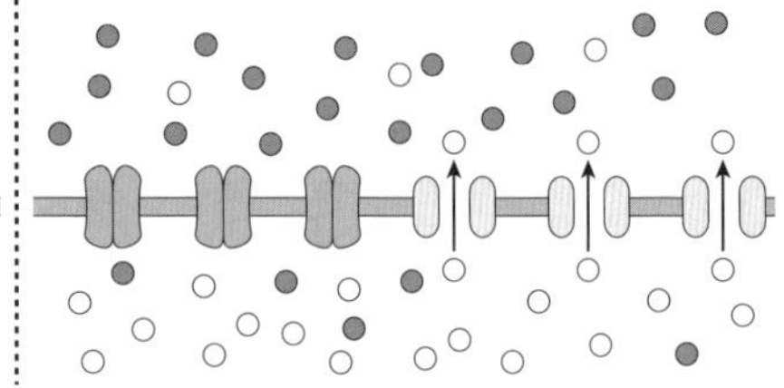

（K^+ が細胞外へ流出する）

解　説

問4　【イオン濃度の変化および阻害物質による活動電位への影響】

17 正解：⑧　18 正解：①　19 正解：③　難

条件ア：Na^+ 濃度が細胞内外で等しいので，刺激を与えて電位依存性ナトリウムチャネルが開いても **Na^+ が細胞内に流入しないため，膜電位の上昇が生じない**。しかし，電位依存性カリウムチャネルからは **K^+ の細胞外への流出が起こるので，一時的に静止電位よりもさらに負の電位が生じる**。このようなグラフは⑤と⑧であるが，図2より，静止電位より負になるのは2ミリ秒より前なので，3ミリ秒でも負となっている⑤は不適当である。

条件イ：K^+ 濃度を0 mol/Lにするという操作は「細胞内のほうが細胞外よりも K^+ 濃度が高い」という**ニューロンの初期条件の変更にならない**ため影響はみられない。そのため，通常の活動電位が発生する（①）と考えられる。

条件ウ：K^+ の移動がなくなるが，Na^+ は正常に流入して膜電位の上昇が発生する。しかし，すぐに電位依存性ナトリウムチャネルは閉口して Na^+ の移動が止まるが，ナトリウムポンプの働きにより，細胞内が再び負に変化する。ここで，K^+ の流出があれば静止電位以上に負に変化するが，**K^+ の流出が起こらないので，静止電位以上に負にならず**，③となる。

第4問A 個体群内の個体間の関係／異種個体群間の関係

着眼点

問1　**条件1**では縄張りがつくられないので，川全体($100\ m^2$)の藻の生産量を求め，アユ1匹あたりの1日の摂食量で割ることにより，川全体で発育できるアユの個体数を求めることができる。また，**条件2**では，条件のよい場所($55\ m^2$)では縄張りをつくり，条件の悪い場所($45\ m^2$)で群れアユが発育する。縄張りの大きさは$1\ m^2$，群れアユの1日の摂食量は20 gであることに注意して計算する。

問2　1羽あたりの警戒時間の割合が減少すると，**1羽あたりの採餌時間の割合が増加する**ことを踏まえて解答する。

問3　カクレクマノミとイソギンチャクは共生関係にあることで，互いに利益を得ている**相利共生**の関係である。

解　説

問1　【縄張りの形成による発育個体数の変化】　20　**正解**：⑤　標準

条件1：川全体($100\ m^2$)の藻の1日の生産量を求めると，条件のよい場所全体では200 g×55＝11000 g，条件の悪い場所全体では12 g×45＝540 gなので，川全体では11000＋540＝11540 gとなる。縄張りがつくられなければ，アユ1匹の1日あたりの摂食量が20 gより，11540÷20＝**577匹**のアユが発育できる。

条件2：条件のよい場所($55\ m^2$)全てに縄張りがつくられるので，縄張りの大きさが$1\ m^2$より，ここでは55匹のアユが発育する。条件の悪い場所($45\ m^2$)では群れアユが，540÷20＝27匹発育する。よって，川全体では55＋27＝**82匹**が発育できる。

問2　【集団の大きさと警戒時間の変化】　21　**正解**：④　やや難　思

図1より，集団を構成する個体の数が多くなるほど1羽あたりの警戒時間の割合が減少しているので，1羽あたりの採餌時間の割合は増加する。よって，②と③の「採餌時間は減少する」は誤りである。

次に，集団全体としての警戒時間を考えると，集団全体としての警戒時間は「**1羽の警戒時間×集団を形成する個体数**」で求めることができる。餌場にいる時間をtとすると，図1より警戒時間は1羽では$0.35\,t$，2羽では$0.2\,t\times2=0.4\,t$，3羽では$0.15\,t\times3=0.45\,t$，4羽では$0.15\,t\times4=0.6\,t$となり，集団が大きくなるほど集団全体の警戒時間が増加することになるので，①は誤りで④が正しいことがわかる。

なお，⑤は**この実験結果からは判断することはできない。**

共通テスト攻略ポイント②

「この実験（結果）からは判断できない」は誤り！

問 3 【さまざまな共生】 22 正解：⑤ 標準

イソギンチャクとカクレクマノミのように共生している生物が，相手の存在によって互いに利益を受ける場合を**相利共生**という。

①×：ゾウリムシとヒメゾウリムシは**生態的地位**（**ニッチ**）※が似ているため種間競争が起こり，片方の種が排除される（＝**競争的排除**）。

※生態的地位（ニッチ）…生物群集において，ある種が生活空間・食物連鎖・活動時間などのなかで占める位地（どのような資源をどう利用するかなど）のこと。

②×：カクレウオはナマコの体内に身を隠すが，ナマコはカクレウオの存在によって利益も不利益も受けない**片利共生**の関係である。

③×：ヒトとカイチュウの関係は**寄生**で，利益を受ける寄生者がカイチュウ，不利益を受ける宿主はヒトである。

④×：ウサギとキツネは**被食者－捕食者相互関係**であり，ウサギが被食者，キツネが捕食者である。

⑤○：マメ科植物であるダイズは栄養分の乏しいやせた土地でもよく育つが，これは根に入り込んだ根粒菌が窒素固定により合成したアンモニウムイオンを供給しているからである。一方，根粒菌は従属栄養生物でありダイズから有機物の供給を受けている。このようにダイズと根粒菌は互いに利益を受けているので**相利共生**の関係である。

第4問B インフルエンザの型決定／予防接種

着眼点

問4　赤血球凝集抑制試験(HI試験)を図示すると以下の通りである。

よって「**赤血球凝集反応が抑制される＝抗体が産生されている**」という意味である。

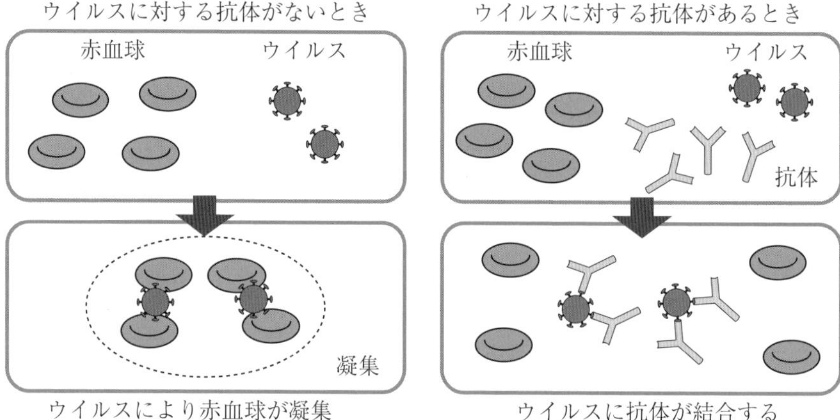

問5　質問1の結果より，ワクチン接種者910人，非接種者90人と大きく異なることから，**インフルエンザの発症率で比較する**必要がある。

解　説

問4　【HI試験によるウイルス型の決定】　23　**正解**：②

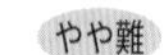

インフルエンザ発症直後は十分量の抗体が産生されていないが，回復期には免疫反応により十分量の抗体が産生されているので，赤血球凝集反応が抑制されるようになると考えられる。表2より，発症直後では赤血球凝集反応が起こっていたが，回復期で赤血球凝集反応が起こらなくなったのはA型H3(512倍まで希釈しても凝集が起こらない＝十分量の抗体が産生されている)なので，この患者が感染したウイルスの型は**A型H3**と考えられる。

問５ 【ワクチン接種の効果検証】 24 **正解**：⑥ やや難 思

質問１と質問３の結果より，ワクチン接種者と非接種者のインフルエンザ発症率を求める。

ワクチン接種者の発症率 $=\dfrac{55}{910}=0.060\cdots\fallingdotseq 0.06$

ワクチン非接種者の発症率 $=\dfrac{18}{90}=0.2$

この結果より，ワクチン接種者の発症率は大きく低下していることがわかるので，ワクチン接種は有効であったと言える（ワクチン接種の目的は“発症率の低下”や“症状を軽くすること”であり，**発症を完全に予防するものではない**）。

研　究

【医療と免疫】

❶ 予防接種…弱毒化した病原体や毒素などの抗原（＝**ワクチン**）を接種して免疫記憶を成立させておき，病気の**予防**に役立てる。
例：インフルエンザワクチン，BCG（結核のワクチン）

❷ 血清療法…あらかじめ他の動物につくらせた抗体を含む血清を注射し，**治療**を行う。
例：蛇毒の治療，破傷風の治療

【インフルエンザウイルス】

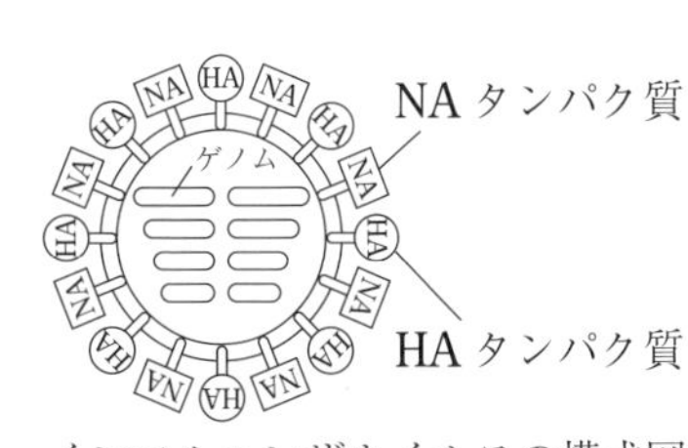

インフルエンザウイルスの模式図

インフルエンザウイルスにはいくつかの型が存在するが，なかでもＡ型インフルエンザウイルスは，突然変異によって変異型ウイルスが特に出現しやすく，感染時の症状も重篤になりやすい。インフルエンザウイルスが変異する場合，特に感染に影響するのはHAとNAの２種類のタンパク質の変異である。これらのタンパク質はウイルス粒子表面にあるためスパイクタンパク質とよばれ，ヒトに感染したときに体内の抗体が結合する標的（抗原）になる。しかし，ウイルスに変異が起こると過去の感染によってつくられていた抗体と反応しなくなるため，ウイルス感染を起こしやすくなり感染症状が重症化する。

第5問 自家不和合性／春化処理 

着眼点

問1　問題文「花粉とめしべのそれぞれがもつ自家不和合性の原因遺伝子の型が同じ場合には花粉管の伸長が阻害され，原因遺伝子の型が異なる場合には受精は成立する」を図示すると以下の通りである。

組合せ	めしべ(S_1S_2)×おしべ(S_1S_3)	めしべ(S_1S_2)×おしべ(S_3S_4)
図	花粉のS遺伝子（S_1, S_3） 柱頭 葯 花粉管 めしべのS遺伝子（S_1, S_2）	S_3, S_4 S_1, S_2
説明	S_1が同じなので，S_1の花粉は花粉管の伸長が阻害される。	共通のS遺伝子がないので，阻害されることはない

F_1の遺伝子型

♂＼♀	S_1	S_2
~~S_1~~		
S_3	S_1S_3	S_2S_3

♂＼♀	S_1	S_2
S_3	S_1S_3	S_2S_3
S_4	S_1S_4	S_2S_4

問2　植物の花芽形成が，一定の低温状態を経験することによって促進される現象を**春化**という。また，実験1のように人為的に一定期間低温におくことで花芽形成を促すことを**春化処理**という。

問3　実験1より，ヒヨスの花芽形成には**低温処理＋長日条件が必要**であることがわかる。実験2は，「接ぎ木後に接ぎ穂に生じた葉はその都度切除したが，台木に生じた葉は切除しなかった」より，**台木＝頂芽＋葉，接ぎ穂＝頂芽のみ**として考える。台木が低温処理されていないと花芽形成が見られないので，**頂芽ではなく葉が低温処理される必要がある**ことがわかる。

問4　ヒヨスチアミンは副交感神経の作用を阻害するが，その影響を受けないということから，**副交感神経が分布していない組織・器官を選べばよい**。

解　説

問1 【自家不和合性の遺伝】

25 **正解**：⑤　26 **正解**：⑧　難

条件より，S 遺伝子座の遺伝子は S_1 ～ S_4 まで，遺伝子型Aは S_1S_2，遺伝子型Cは S_2S_3 である。

(i)　おしべA(S_1S_2)×めしべC(S_2S_3)

♂＼♀	S_2	S_3
S_1	S_1S_2(A)	S_1S_3
~~S_2~~		

おしべ	めしべ	子の世代の分離比					
		A	B	C	D	E	F
A	C	1			1		

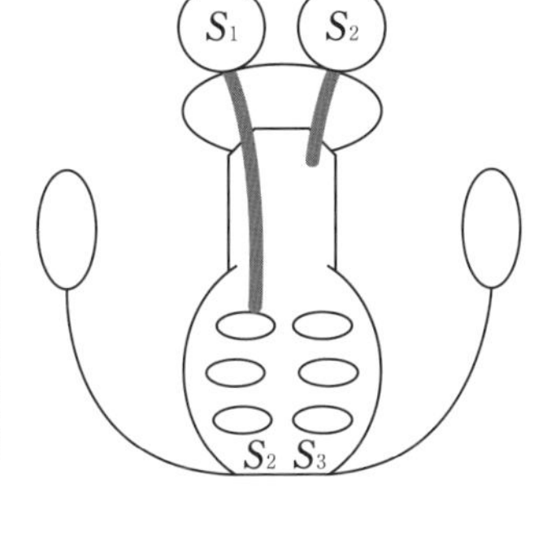

これより，**Dの遺伝子型が S_1S_3** と決定できる。

(ii)　おしべB(？：S_xS_y)×めしべC(S_2S_3)

♂＼♀	S_2	S_3
S_x	S_xS_2	S_xS_3
S_y	S_yS_2	S_yS_3

おしべ	めしべ	子の世代の分離比					
		A	B	C	D	E	F
B	C	1			1	1	1

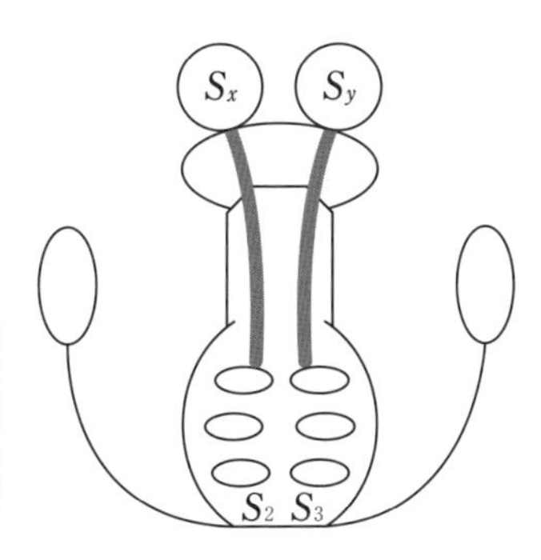

4種類の遺伝子型の子が生じていることより，**BとCは共通の S 遺伝子をもたない**ことがわかる。よって，**Bの遺伝子型は S_1S_4** と決定できる。

(iii) おしべD($S_1 S_3$)×めしべB($S_1 S_4$)

♂＼♀	S_1	S_4
~~S_1~~		
S_3	$S_1 S_3$	$S_3 S_4$

おしべ	めしべ	子の世代の分離比					
		A	B	C	D	E	F
D	B				1		1

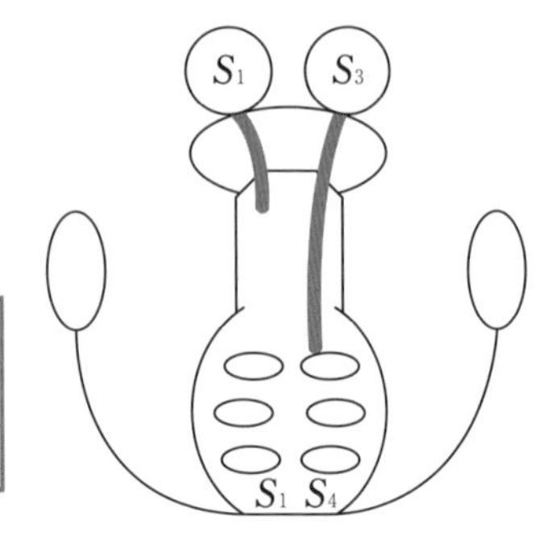

これより，**Fの遺伝子型が$S_3 S_4$**と決定できる。

(i)〜(iii)より，遺伝子型を整理するとA：$S_1 S_2$，B：$S_1 S_4$，C：$S_2 S_3$，D：$S_1 S_3$，E：$S_2 S_4$，F：$S_3 S_4$になる。

問2 【春化処理】 27 **正解**：④ 標準

①×：チューリップの花が気温の上昇に伴って開くのは**温度傾性**の例である。

②×：冷夏の年にイネの実りがよくないのは，気温が低いことによる**光合成量の減少が原因**である。

③×：開花の生理は一連の化学反応であり，その速度は温度によって変化する。気温の低い年は反応速度が遅く，開花も遅くなる。

④○：秋まきコムギを春にまくと，発芽後に**一定期間低温にさらされることがない**ので，長日条件になっても花芽を形成せず穂が出ない。

問3 【低温処理と日長条件を感知する器官の特定】

28 **正解**：⑤ 

ⓐ○：ヒヨスの頂芽の反応に関しての考察であり，接ぎ穂に注目する。台木が低温処理を施されていれば，接ぎ穂は無処理でも低温処理でもどちらでも花芽を形成している。よって，**低温の有無にかかわらず，頂芽は花芽形成を促進する物質※に反応して花芽形成する**と考えられる。

ⓑ×：ヒヨスの葉の反応に関しての考察なので，台木に注目する。表2で花芽形成をした台木の処理を整理すると以下の通りである。

短日条件＋低温処理 →（接ぎ木）→ 長日条件 → 花芽形成

実験1でヒヨスの花芽形成には低温処理＋長日条件が必要であることがわかっているので，**低温を経験した頂芽から生じた葉だけが，日長条件に反応して花芽形成を促進する物質※をつくる**と考えられる。

ⓒ○：実験から，ヒヨスは低温処理後に長日条件においた場合に花芽形成

することがわかる。よって，**秋に発芽して冬に低温を経験**する。そして，**日が長くなる（連続暗期が短くなる）春から夏にかけて花芽を形成**して，その後結実すると考えられる。

※ⓐ，ⓑの「花芽形成を促進する物質」は**フロリゲン**である。

問 4 【自律神経系（交感神経と副交感神経）の作用】

29 **正解**：④ 標準

副交感神経でアセチルコリンの作用を阻害するヒヨスチアミンの影響を受けないと考えられるのは，**副交感神経が分布していない立毛筋**である（なお，立毛筋の収縮は交感神経の作用である）。

研　究

【自律神経の作用】

主に交感神経は**活動・緊張状態**に，副交感神経は**リラックス時**に働く。

支配器官	心臓の拍動	血　圧	胃腸のぜん動	皮膚の血管	立毛筋
交感神経	促進	上げる	抑制	収縮	収縮
副交感神経	抑制	下げる	促進	―	―

※　－は副交感神経が分布していないことを示す。

【花芽形成を促進する物質】

葉で合成されて茎頂に移動して花芽形成を促進する物質を**フロリゲン**という。最近の研究から，シロイヌナズナでは**FTタンパク質**が，イネでは**Hd3aタンパク質**が，日長に応じて葉で合成され，これが**師管**を通って茎頂分裂組織に達することがわかった。さらにこれらのタンパク質は，調節タンパク質と協働して花芽形成にかかわる遺伝子を制御することがわかった。

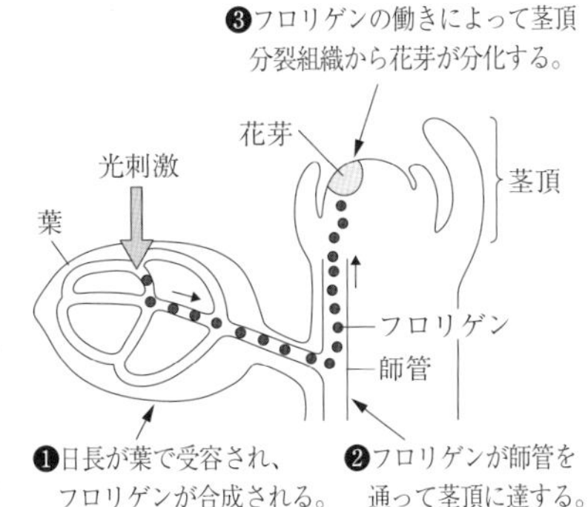

第6問 遺伝子突然変異／分岐年代の推定

着眼点

問2　グルタミン酸（GA□）→グリシン（GG□）→アラニン（GC□）→プロリン（GGC）と1塩基置換で変化していく過程を推測する。

問3　表2のデータを，横軸：分岐年代（億年前），縦軸：アミノ酸の置換数で与えられたグラフ用紙にプロットして近似直線をとる。この直線からヒトとカモノハシ（置換数37）の分岐年代を推測し，どの時代に枝分かれしたかを答える。

解　説

問1　【ヘモグロビンの特徴】　30　正解：②　やや易

ⓐ×：ヘモグロビンは**赤血球中に含まれる**タンパク質である。

ⓑ○：複数のポリペプチドが組み合わさってつくられる構造を**四次構造**といい，ヘモグロビンはα鎖とβ鎖の2種類のポリペプチドが2本ずつ集まった構造をとる。

ⓒ×：二酸化炭素の濃度が上昇すると酸素とヘモグロビンの結合力（＝親和性）が**低下する**ので，活動の盛んな（＝二酸化炭素濃度が高い）組織により多くの酸素を供給できる。

問2　【アミノ酸置換からDNA塩基置換の変化の推測】

31　正解：⑦　　32　正解：④　標準

図1の注釈「mRNAに相補的なDNA（＝鋳型鎖）について，コドンの塩基の並び順通りに，対になる塩基を記した」は，例えばプロリンでは，DNA 3′-GGC-5′でmRNA 5′-CCG-3′であることを意味する。一つのアミノ酸の置換はコドン中の一つの塩基置換で生じることより，以下のようにDNA配列は変化したと推測される。

アミノ酸	グルタミン酸	→	グリシン	→	アラニン	→	プロリン
DNA（鋳型）	CTC		C[C]C		C[G]C		[G]GC
mRNA	GAG		G[G]G		G[C]G		[C]CG

問3 【ヒトとカモノハシの分岐年代の推測】 33 **正解**：④ やや難

表2のデータを，「横軸：分岐年代（億年前），縦軸：アミノ酸の置換数」で与えられたグラフ用紙にプロットして近似直線をとると，右の図のようになる。この直線からヒトとカモノハシ（置換数37）の分岐年代は**約2億年前**と推測できるので，三畳紀（2.5～2.0億年）に枝分かれしたと考えられる。

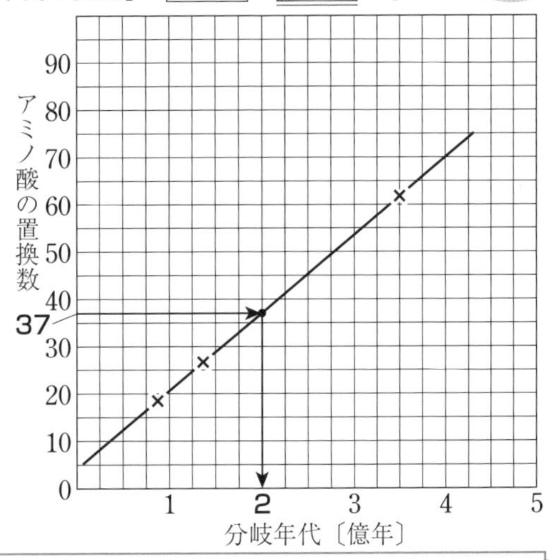

研　究

【地質年代表】

地質時代		動物の変遷	植物の変遷
古生代	カンブリア紀（5.4億～）	**三葉虫**の出現	
	オルドビス紀（4.9億～）		**陸上植物**の出現
	シルル紀（4.4億～）	（あごのある）**魚類**の出現	**シダ植物**の出現
	デボン紀（4.2億～）	**両生類**の出現	**裸子植物**の出現
	石炭紀（3.6億～）	**は虫類**の出現	**シダ植物**が大森林形成
	ペルム紀（3.0億～）	**三葉虫**の絶滅	
中生代	三畳紀（2.5億～）	**哺乳類**の出現	
	ジュラ紀（2.0億～）	**恐竜・アンモナイト**の繁栄	
	白亜紀（1.4億～）	**恐竜・アンモナイト**の絶滅	**被子植物**の出現
新生代	古第三紀（6600万～）	**哺乳類**の多様化と繁栄 **人類**の出現	
	新第三紀（2300万～）		
	第四紀（260万～）	**ヒト**の誕生	

予想問題・第2回 解答・解説

100点／60分

解　答

問題番号(配点)	設問		解答番号	正解	配点
第1問(11)	1		1	3	3
	2		2	6	4
	3		3	1	4
第2問(29)	A	1	4	5	3
		2	5	7	3
		3	6	b	4
	B	4	7	6	3
			8	5	3
		5	9 - 10	1 - 5 *1	5
		6	11	3	4
			12	2	4
第3問(15)	1		13	7	5
	2		14 - 15	1 - 3 *1	5
	3		16	7	5

問題番号(配点)	設問		解答番号	正解	配点
第4問(16)	1		17	4	4
	2		18	1	4
	3		19	6	4
	4		20	2	4
第5問(29)	A	1	21	1	3
		2	22	3	3
		3	23	5	4
	B	4	24	5	3
			25	2	3
			26	7	3
			27	7	3
		5	28	5	3
		6	29	2	4

(注)
1　＊1は両方正解した場合は5点，いずれか一方のみ正解の場合は2点を与える。
2　－（ハイフン）でつながれた正解は，順序を問わない。

出題分野一覧

分野		1	2		3	4	5	
			A	B			A	B
細胞と分子	細胞の構造と働き					○		
	組織と個体の成り立ち					○		
代　謝	代謝と酵素の働き	○						
	呼　吸							
	光 合 成						○	
遺伝情報の発現	DNA の構造と複製			○			○	
	遺伝情報の発現						○	○
	遺伝子研究とその応用						○	
生殖・発生・遺伝	生　殖							
	発　生		○					
	遺　伝		○					○
生物の生活と環境	体内環境の維持	○				○		
	動物の反応と行動							
	植物の環境応答			○				
生態と環境	個体群と生物群集							
	生物群集の遷移と分布							
	生態系と生物多様性				○			
生物の進化と系統	生命の起源と進化							○
	生物の多様性と系統		○					

第1問 肝臓における血液の流れ／血液凝固の仕組み　遺伝情報と医療

着眼点

問1　アは肝静脈，イは肝門脈，ウは胆管（肝臓から十二指腸まで胆汁が通る管）である。

問2　血液凝固の仕組みは以下の通りである。

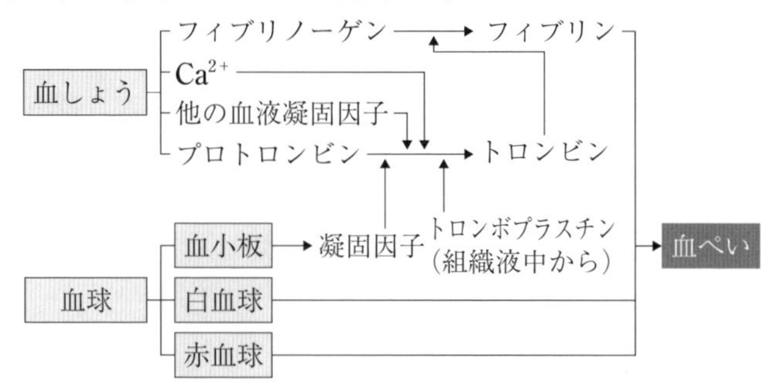

また，血液凝固の防止法として次の4つがある。

凝固の防止法	理由
❶血液を棒でかき回す。	フィブリンを取り除く。
❷低温に保つ。	酵素の働きを抑える。
❸クエン酸ナトリウムを加える。	血しょう中の Ca^{2+} を取り除く。
❹ヘパリンを加える。	トロンビンの生成と活性を阻害する。

問3　CYPの活性が大きいほど，デブリソキンが代謝されて4-ヒドロキシデブリソキンになるので，デブリソキン / 4-ヒドロキシデブリソキンの値は小さくなる。

解　説

問1【肝臓における血液の流れ】　1　**正解**：③　やや易

肝臓には，**肝門脈**と**肝動脈**の異なる二つの血管を通して血液が流れ込んでいる。この二つの血管は，肝臓内の肝小葉の周辺部から内部へ入るときに合流して一つになり，中心静脈を介して**肝静脈**につながっている。

問2【血液の凝固】　2　**正解**：⑥　標準

⑥×：血液にクエン酸ナトリウムを加えると血液凝固が起こらなくなるのは，**Ca^{2+}**がクエン酸カルシウムになって沈殿するからである。

問 3 【CYP の酵素活性に応じた投薬量の決定】

3 正解：①　やや難　思

A は CYP の活性が高いので，4-ヒドロキシデブリソキンの割合が大きい。それに対し，B は CYP の活性が低いので，デブリソキンの割合が大きい。

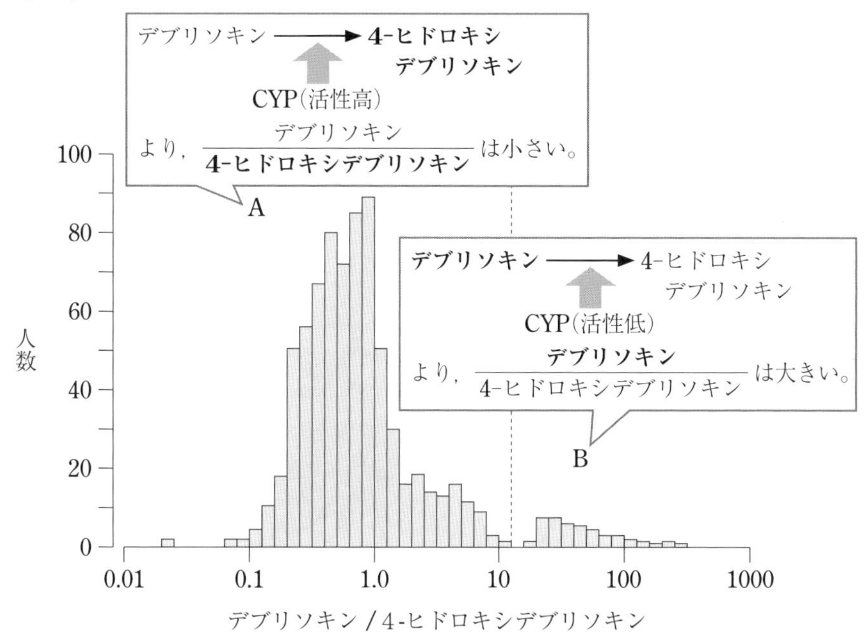

グループ A の人たちは CYP の酵素活性が高く，デブリソキンが分解されやすい。よって，**グループ B の人より多く投与する必要**がある(少量の投薬で効果がみられるのは酵素活性が低いグループ B の人たちであり，オーダーメイド医療を行う必要性は，酵素活性の高低にかかわらず高い)。

+α の知識　個人のゲノム情報をあらかじめ調べておき，病気の際にその人の治療に適した薬を選択したり，かかりやすい病気を予測したりする，個人にあった医療を**オーダーメイド医療**という。

第2問A　旧口動物の分類／形態形成を調節する遺伝子／検定交雑

着眼点

問1　脱皮によって成長する動物は**節足動物**と**線形動物**である。

問2　ⓐの正誤は実験1から，ⓑとⓒの正誤は実験2から判断する。

問3　この実験を図示すると以下の通りである。

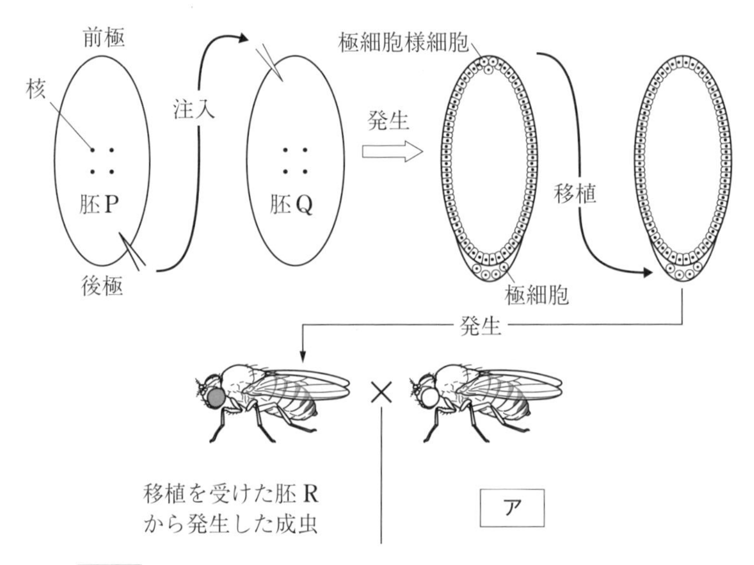

イ ：Q系統由来(AA)とR系統由来(aa)の子が生じる

ウ ：R系統由来(aa)のものだけが生じる

イ と ウ が異なる結果になるようにするためには，ア は“赤眼のホモ”と“白眼のホモ”のどちらでなければいけないかを考える。

解　説

問1【旧口動物の分類】　4　**正解**：⑤　標準

①×：ゴカイは環形動物，②×：ウニは棘皮動物，③×：ナメクジウオは原索動物，④×：ヒドラは刺胞動物，⑤○：センチュウは線形動物で，節足動物とともに脱皮動物である。⑥×：タコは軟体動物。

問2【生殖細胞分化のしくみ】　5　**正解**：⑦

実験1：紫外線照射により生殖能力が失われる，つまり**生殖細胞が形成できなくなる**ことがわかる。しかし，発生段階Ⅰの正常な胚の後部の細胞質

を，紫外線照射した発生段階Ⅰの胚の後部に注入すると生殖能力をもつようになることから，初期胚の細胞を生殖細胞に分化させる作用をもつ物質（選択肢の“この物質”に相当）は**発生段階Ⅰの正常な胚の後部の細胞質に存在する**ことがわかる。

> ［結論］　正常な胚では，発生段階Ⅰの後部の**細胞質の働きで生殖細胞が形成**される（ⓐ○）。しかし，紫外線を照射すると後部の細胞質は生殖細胞の形成を促す働きを失う。

実験２：移植した後部の細胞質の働きにより発生段階Ⅱの胚の前部の細胞が生殖細胞になることから，後部の細胞質の影響で細胞が生殖細胞になることがわかる（前部の細胞質に同様の働きがあるならば，正常胚では前部の細胞も生殖細胞になるはずである）。

> ［結論］　初期胚の細胞を生殖細胞に分化させる作用をもつ物質は，発生段階Ⅰの**胚後部の細胞質にのみ含まれる**（ⓑ○）。また，これを前部に移植しても生殖細胞が形成されるので，**この物質に反応する能力をもつ細胞は前部と後部に存在する**（ⓒ○）。

問３【検定交雑】 6 **正解**：ⓑ 

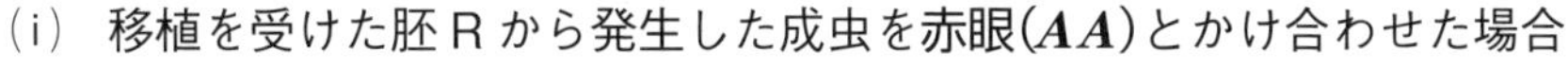
(i)　移植を受けた胚Ｒから発生した成虫を赤眼(AA)とかけ合わせた場合

・生殖細胞にＱ系統由来(AA)のものとＲ系統由来(aa)のものが存在すると仮定

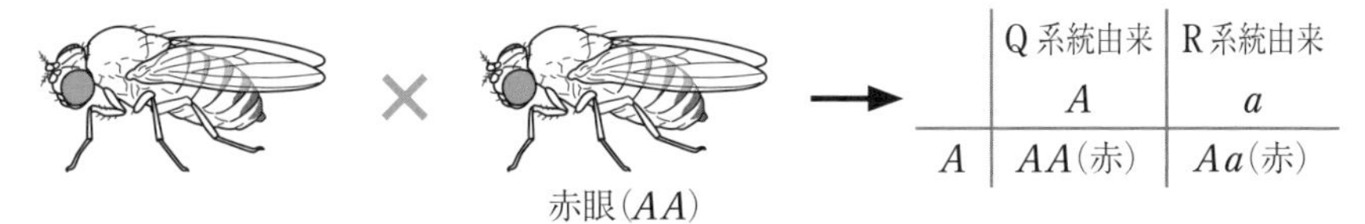

	Q系統由来 A	R系統由来 a
A	AA(赤)	Aa(赤)

・生殖細胞にＲ系統由来(aa)のものだけが存在すると仮定

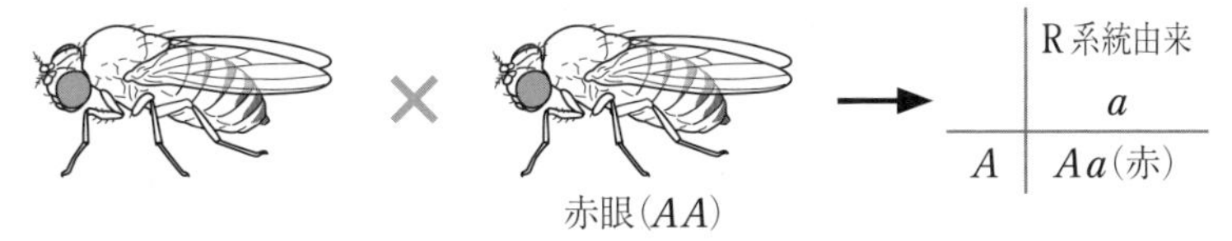

	R系統由来 a
A	Aa(赤)

　これでは，**両交配とも赤眼の個体しか生じない**ので，生殖細胞に，Ｑ系統由来のものが存在するかどうかは**わからない**。

(ii)　移植を受けた胚Ｒから発生した成虫を白眼(aa)とかけ合わせた場合

・生殖細胞にＱ系統由来(AA)のものとＲ系統由来(aa)のものが存在すると仮定

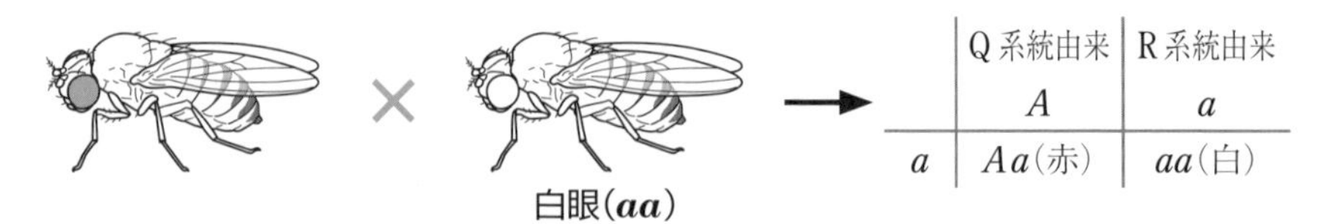

・生殖細胞にR系統由来(aa)のものだけが存在すると仮定

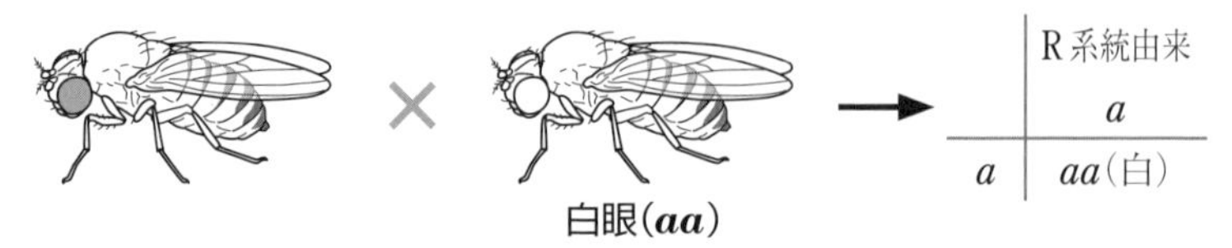

生殖細胞にQ系統由来とR系統由来のものが存在すれば次の世代は**赤眼と白眼が生じ**，R系統由来のものだけが存在すれば次の世代は**白眼のみが生じる**。(i)とは異なり，2つの交配間で結果が異なるので，生殖細胞にQ系統由来のものが存在するかどうか**特定することができる**。

このように親の配偶子の遺伝子型の組合せを調べるときには劣性ホモを交配すればよい。これを**検定交雑**という。

研　究

【検定交雑】

注目する遺伝子に関して，劣性（潜性）ホモの個体を交配することを**検定交雑**といい，交配によって生じた次代の“**表現型とその比**”が，検定交雑をした相手から生じた“**配偶子の遺伝子型とその比**”に一致する。

> 例1　遺伝子型$AaBb$の個体を検定交雑したところ，次代は[AB]：[Ab]：[aB]：[ab]＝1：1：1：1の比で生じた。ただし，[　]は表現型を表す。

このとき$AaBb$から生じる配偶子は，$\boldsymbol{AB : Ab : aB : ab = 1 : 1 : 1 : 1}$で，$A(a)$と$B(b)$は**独立**であることがわかる。

> 例2　遺伝子型$AaBb$の個体を検定交雑したところ，次代は[AB]：[Ab]：[aB]：[ab]＝1：4：4：1の比で生じた。ただし，[　]は表現型を表す。

このとき$AaBb$から生じる配偶子は，$\boldsymbol{AB : Ab : aB : ab = 1 : 4 : 4 : 1}$で，**$\boldsymbol{A}$と$\boldsymbol{b}$（$\boldsymbol{a}$と$\boldsymbol{B}$）が連鎖していて，組換え価が20％**であることがわかる。

研　究

【動物の分類】

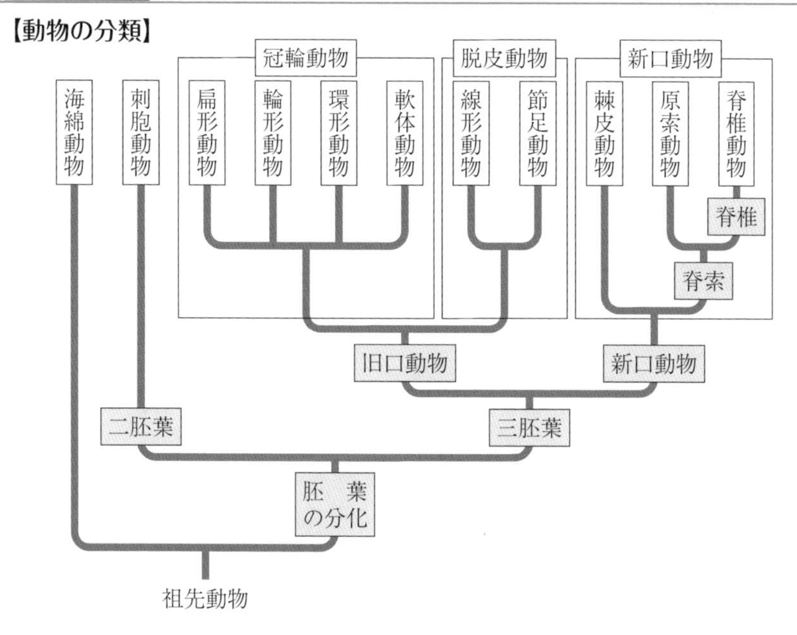

【(1)　胚葉の分化】

無胚葉	海綿動物(例：カイメン)
二胚葉(外胚葉・内胚葉)	刺胞動物(例：サンゴ，クラゲ，ヒドラ)
三胚葉(外胚葉・中胚葉・内胚葉)	その他の動物

【(2)　口のでき方】

旧口動物 (原口がそのまま成体の口になる)	扁形動物(例：プラナリア，コウガイビル) 輪形動物(例：ワムシ) 環形動物(例：ミミズ，ゴカイ) 軟体動物(例：タコ，シジミ) 線形動物(例：センチュウ，カイチュウ) 節足動物(例：甲殻類，クモ類，昆虫類，ヤスデ類，ムカデ類)
新口動物 (原口またはその付近に肛門が形成され，その反対側を口が形成)	棘皮動物(例：ウニ，ヒトデ，ナマコ) 原索動物(例：ナメクジウオ，ホヤ) 脊椎動物(例：無顎類，魚類，両生類，は虫類，鳥類，哺乳類)

【(3)　旧口動物の分類】

冠輪動物 (発生過程でトロコフォア幼生を生じる)	扁形動物，輪形動物 環形動物，軟体動物
脱皮動物 (外骨格をもち，脱皮を行う)	節足動物，線形動物

第2問B　半保存的複製／オーキシンの極性移動

着眼点

問4　分裂期に染色体は凝縮して何重にも折りたたまれる。

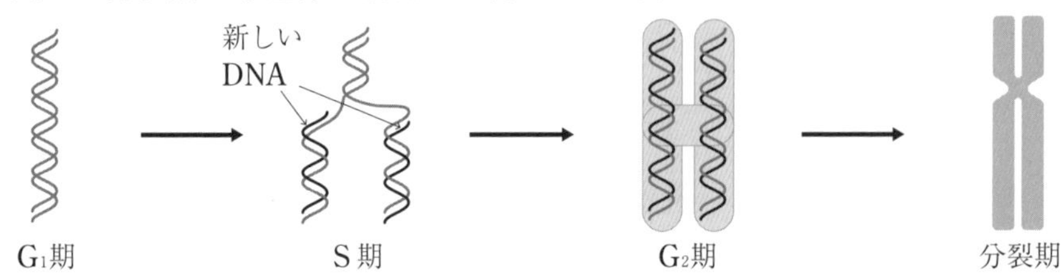

問5　S期を2回通過した染色体は“**二本鎖の両方にBrdUが取り込まれているDNA**”と“**二本鎖の片方だけにBrdUが取り込まれているDNA**”の2分子から構成されているため，3回通過した細胞には蛍光のしかたが異なる2種類の染色体が混在することになる。

問6　PINタンパク質の多くは細胞膜での存在場所が決まっているが，**重力刺激に応じて分布が変化する**ものがある。コルメラ細胞に分布するPINタンパク質もその一例で，アミロプラストが重力方向に沈降すると，PINタンパク質が再配置される。

解　説

問4　【DNAの半保存的複製①】

7　正解：⑥　　8　正解：⑤　　やや難

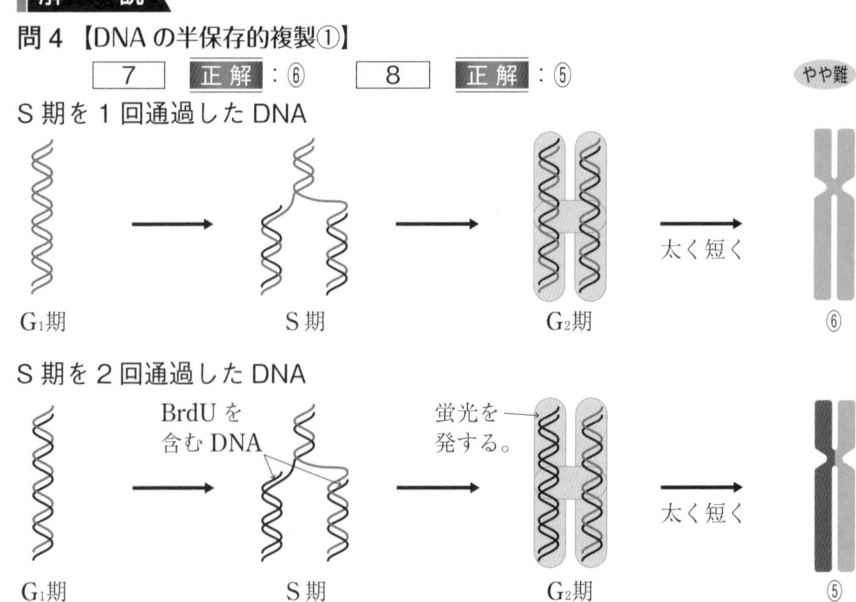

問 5 【DNA の半保存的複製②】

9 ・ 10 **正解**：①・⑤ やや難

(i)二本鎖の両方に BrdU が取り込まれている DNA が複製された場合

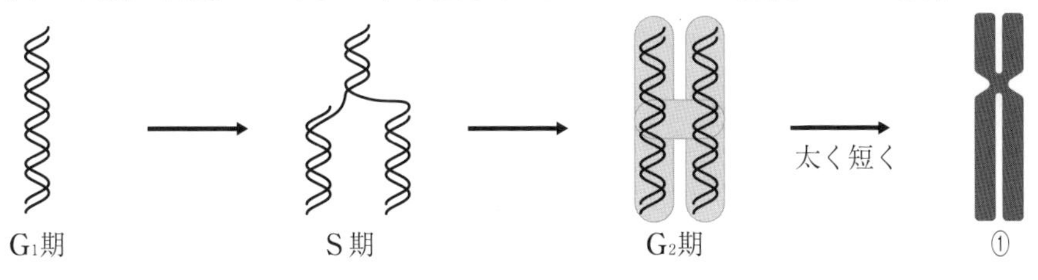

(ii)二本鎖の片方だけに BrdU が取り込まれている DNA が複製された場合

S 期を 2 回通過した DNA と同様の結果になる…⑤

問 6 【PIN タンパク質の分布】

11 **正解**：③　12 **正解**：② 標準

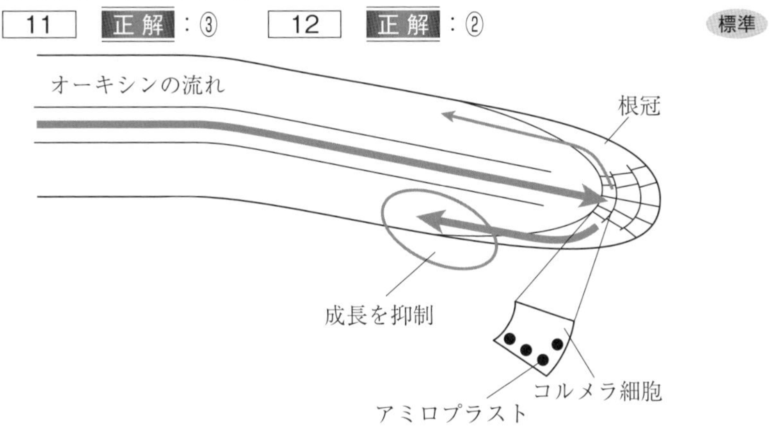

茎の先端でつくられたオーキシンは主に中心柱を通って根へと移動する。よって，**中心柱の細胞**では PIN タンパク質(オーキシン排出輸送体)は根の**先端方向に局在**（③）する必要がある。

このようにして根冠部分まで運ばれてきたオーキシンは，本来であれば上向きに運ばれるが，根を水平に置くと**コルメラ細胞**内の**アミロプラスト**※が重力方向に移動し，PIN タンパク質も**重力方向に再配置**（②）されるようになる。これによりオーキシンが下側へより多く輸送されるため，オーキシンの最適濃度を超えた下側の細胞が成長抑制されることにより，**正の重力屈性**が起こる。

※アミロプラスト…葉緑体に類縁の細胞小器官で，貯蔵デンプンの大きな粒を含んでいる。

第3問 生物多様性／多様度指数の計算／中規模撹乱説

着眼点

問1　遺伝的多様性とは同種内における遺伝子の多様性のことで，植物の花の色や形，テントウムシの翅の斑紋，ヒトの肌や目の色などがその例である。ⓐは生息地の分断・孤立化，ⓑは外来生物と在来生物の交配による両者の遺伝子を受け継いだ個体(雑種)の増加，ⓒは外来種(フイリマングース)による在来種(アマミノクロウサギ)の駆逐の説明である。事例ⓐ～ⓒの中で，遺伝子の多様性が大きくなる，または小さくなるものを選ぶ。

問2　表1のデータを，多様度指数を求める計算式に代入して，数値の最大となった草刈り(回数/年)を行った水田の特徴を選ぶ。

問3　実験2より，草刈り頻度0(回数/年)の水田でB～F種が見られなかったのは，**A種の存在が原因**である。しかし実験3より，草刈り頻度5(回数/年)のときにE種以外の昆虫が見られなかったのは，**E種の存在が原因ではない**。これが何を意味しているのかを考える。

解　説

問1【遺伝的多様性の上昇・低下】 13 **正解**：⑦ やや難

ⓐ○：生息地が分断されてできた個体群(＝局所個体群)では，性比のかたよりや近親交配によって出生率が低下し，生まれてくる子の数が減少する。その結果，個体間の遺伝的交流が少なくなるので局所個体群の**遺伝的多様性は低下**する。

ⓑ○：外来生物と在来生物の間で交配が進み，両者の遺伝子を受け継いだ個体(雑種)が増える。これにより，在来生物であるオオサンショウウオが絶滅に追いやられたりすることによって，**在来生物の遺伝的多様性が低下**する可能性がある。

ⓒ○：侵略的外来生物であるフイリマングースは，アマミノクロウサギの生息域が縮小した要因である。フイリマングースを駆除することによりアマミノクロウサギの個体数が増えると，**遺伝的多様性が上昇する**と考えられる。

問２【多様度指数による多様性が最大となる条件の決定】

14 ・ 15 正解：①・③ 

表１の数値を，多様度指数を求める計算式に代入する。

草刈り頻度０(回数/年）の多様度指数

$$1-\left[\left(\frac{2000}{2000}\right)^2\right]=\mathbf{0}$$

草刈り頻度１(回数/年）の多様度指数

$$1-\left[\left(\frac{1050}{1500}\right)^2+\left(\frac{150}{1500}\right)^2+\left(\frac{150}{1500}\right)^2+\left(\frac{150}{1500}\right)^2\right]=\mathbf{0.48}$$

草刈り頻度２(回数/年）の多様度指数

$$1-\left[\left(\frac{240}{1200}\right)^2+\left(\frac{240}{1200}\right)^2+\left(\frac{240}{1200}\right)^2+\left(\frac{240}{1200}\right)^2+\left(\frac{120}{1200}\right)^2+\left(\frac{120}{1200}\right)^2\right]$$
$$=\mathbf{0.82}$$

草刈り頻度３(回数/年）の多様度指数

$$1-\left[\left(\frac{80}{800}\right)^2+\left(\frac{80}{800}\right)^2+\left(\frac{80}{800}\right)^2+\left(\frac{80}{800}\right)^2+\left(\frac{400}{800}\right)^2+\left(\frac{80}{800}\right)^2\right]$$
$$=\mathbf{0.7}$$

草刈り頻度４(回数/年）の多様度指数

$$1-\left[\left(\frac{50}{500}\right)^2+\left(\frac{100}{500}\right)^2+\left(\frac{350}{500}\right)^2\right]=\mathbf{0.46}$$

草刈り頻度５(回数/年）の多様度指数

$$1-\left[\left(\frac{300}{300}\right)^2\right]=\mathbf{0}$$

これより，多様性が最大になるのは草刈り頻度２(回数/年)のときである。よって，表１で草刈り頻度２(回数/年)から条件を決定すると，①○：構成種数が多い，③○：構成種の出現頻度が均等であることが適当であるとわかる(総個体数はほかの草刈り頻度と比べて小さくないし(②×)，出現頻度が極端に高い種も存在しない(④×)。また，表１から植食性昆虫の大きさは判断することができない(⑤×))。

共通テスト攻略ポイント②

「この実験（結果）からは判断できない」は誤り！

問3【中規模撹乱説】 16 **正解**：⑦ 

草刈りは，畦の植食性昆虫にとって**撹乱**である。

実験2より，草刈り頻度0（回数/年），つまり撹乱がほとんど起こらなければ**種間競争に強い種**であるA種が優占する（ⓐ○）。また実験3より，草刈り頻度5（回数/年），つまり撹乱が頻繁に起こると，**撹乱に強い種**であるE種が優占する（ⓑ○）。ここで実験1より，草刈り頻度2（回数/年），つまり**中規模の撹乱**がある一定の頻度で起こる場合は，**種間競争に強い種や撹乱に強い種も含めて多くの種が共存**することができる（ⓒ○）。

研　究

【中規模撹乱説】

撹乱の強さや頻度が中程度の場合に，生物群集内に多数の種が共存できるという考え。

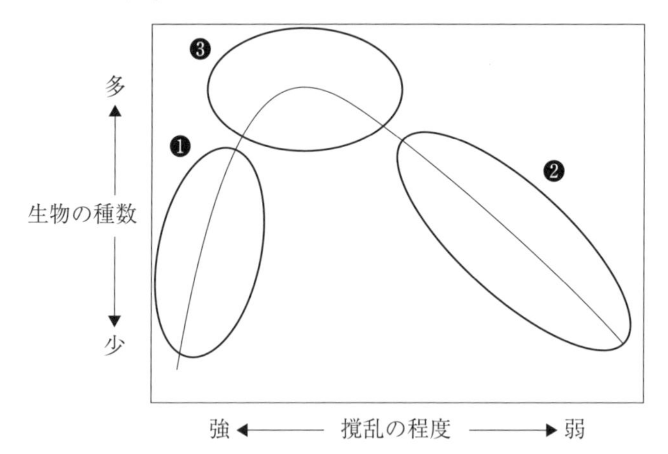

❶：撹乱の程度が**強い**とき…**撹乱に強い種**が優占する生物群集になる。
❷：撹乱の程度が**弱い**とき…**種間競争に強い種**が優占する生物群集になる。
❸：撹乱の程度が**中規模**のとき…撹乱に強い種や種間競争に強い種などさまざまな種が共存し，**優占する種が存在しない**。

研　究

【絶滅の渦】

生息地の分断や外来生物の侵入などにより個体数が少なくなると，個体数が少ないこと自体が新たな要因(**近交弱勢・人口学的確率性・アリー効果**の低下)を誘発し，個体群を絶滅へと向かわせる。この過程が繰り返され，絶滅に向かう速度が大きくなっていく現象を**絶滅の渦**という。

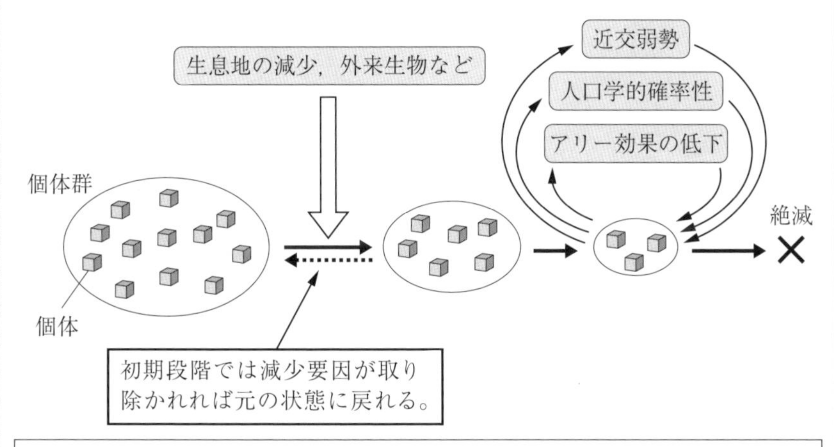

・**近交弱勢**…………近親交配の状態が続くことによって，産子数や産まれてくる子の生存率が低下する現象。

・**人口学的確率性**…個体数が少ないことにより，「大多数の個体が死亡する」ことや「生まれた子が全てどちらか一方の性(雌か雄）に偏る」ということが偶然起こってしまう。

・**アリー効果**………密度が高いほど個体群の成長が促進されること(逆に，密度が低いほど個体群の個体数が減少する。これがアリー効果の低下)。

第4問 体色変化の調節／皮膚でのメラニン合成経路

着眼点

問1 “重合と脱重合”は次の図の通りであり，“速度”とは傾きを意味する。

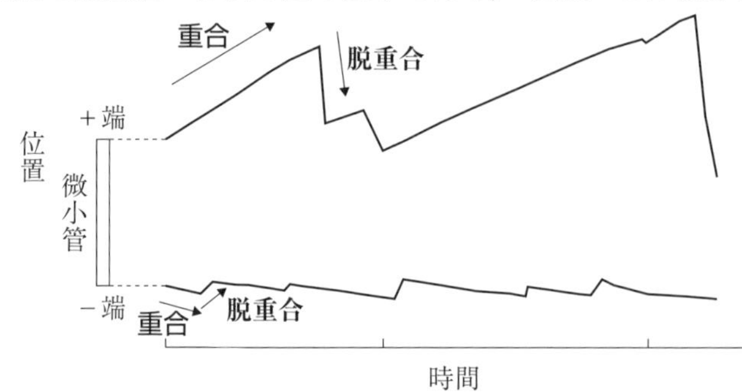

問2 **実験1**を整理すると，以下の通りである。

添加した物質	メラニン色素の移動への関与
ノルアドレナリン	**凝集**に関与
アセチルコリン	色素の移動には関与しない
ホルモンX	**凝集**に関与
ホルモンY	**拡散**に関与

問3 **実験2**では，**実験1**と同様の操作を物質Zを加えて行っている。よって，**実験1**と**実験2**の結果を比較し，作用に変化が生じたものが物質Zの作用を受けていると言える。

問4 メラニンは色素細胞で合成されることから，**酵素Xは色素細胞のみで合成されている**ことがわかる。このことを利用すると，色素細胞と他の細胞を区別することができる。

解説

問1【微小管の重合・脱重合】 17 **正解**：④  

①$^{\times}$：二つのグラフの**差が大きくなる**ほど，微小管は長くなっている。

②$^{\times}$・③$^{\times}$：プラス端でもマイナス端でも，**脱重合が起こる時期より重合が起こる時期のほうが長い**。

⑤$^{\times}$：測定開始直後，プラス端は重合が続いているが，マイナス端は重合と脱重合が2回ずつ繰り返されているので，**同調していない**ことがわかる。

⑥$^{\times}$：重合においてグラフの傾きはプラス端のほうが急なので，重合の速

度は**プラス端の方が速い**。

問２【神経伝達物質およびホルモンによる顆粒の移動】

18　**正解**：①　標準　思

実験結果を図示すると以下のようになる(ア～ウは移動に関与しないアセチルコリン，凝集に関与するホルモンX，拡散に関与するホルモンYのいずれかである)。

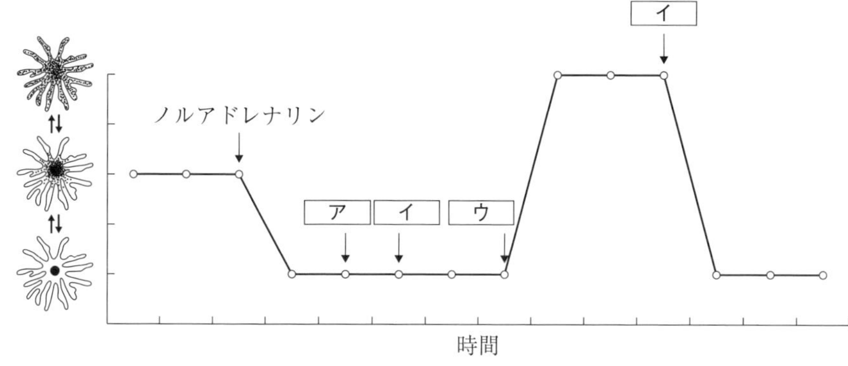

イを添加してもメラニン顆粒が凝集したままなので，イは凝集に関与しているホルモンXとわかる。その後，ウを添加するとメラニン顆粒が移動(拡散)しているので，ウは拡散に関与するホルモンYとわかる。

問３【物質Zの阻害の特定】　19　**正解**：⑥　やや難　

リンガー液に添加した物質	拡散状態にある細胞	凝集状態にある細胞
ノルアドレナリン	凝集した	変化なし
ノルアドレナリン＋**物質Z**	**変化なし**	変化なし

実験１と実験２の結果を比較すると，**結果が異なっているのはノルアドレナリンだけ**である。よって，**物質Zはノルアドレナリンの作用を消失させる**ことがわかる。ここで，この実験では“ノルアドレナリン＋物質Z”と，ノルアドレナリンはすでに合成されていて，そこに物質Zを添加している。つまり，物質Zがノルアドレナリンの**作用を阻害**しているとは言えるが，ノルアドレナリンの**合成を阻害**しているとはいえない。よって，⑤×となり，消去法で⑥○となる。

共通テスト攻略ポイント①

消去法を有効に使え！

問4【皮膚でのメラニン合成】 20 **正解**：②

生体内でメラニンが合成される反応経路は以下の通りである。

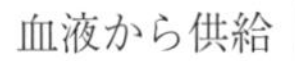

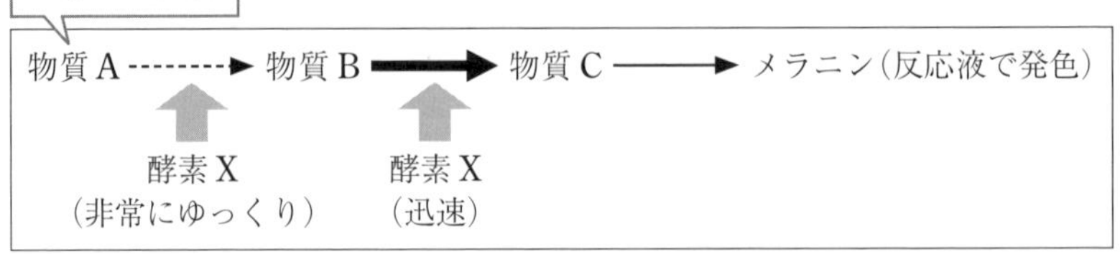

スライドガラス上の皮膚片は，血液から物質Aが供給されない状態にある。ここで物質Bを反応液に添加すると，**色素細胞だけは酵素Xを発現することができる**のでメラニン生成をすることができ**発色する**が，その他の細胞は酵素Xを合成できないのでメラニンを生成できず発色しない。なお，物質Aから物質Bへの反応も酵素Xが関与するが，この反応は“非常にゆっくり進む”という条件があるので，物質Aを添加するのが最も適当とは言えない。

研　究

【真核細胞の細胞骨格】

	アクチンフィラメント	微小管	中間径フィラメント
細胞骨格の局在			
繊維の直径	7 (nm)	25 (nm)	8 ～ 12 (nm)
構成タンパク質	アクチン（鎖状につながる）	チューブリン	ケラチン，ラミナなど
モータータンパク質	ミオシン	ダイニン：－端に移動 キネシン：＋端に移動	――――
かかわっている現象	筋収縮 原形質流動 動物細胞の分裂時にできるくびれ 仮足（アメーバ運動）	細胞内における細胞小器官の移動 鞭毛や繊毛の構成要素，中心体や紡錘糸の構成要素	非常に強度がある。 細胞や核などの形態保持に関与 核の位置の保持

第5問A　光合成のしくみ／サンガー法による変異の特定　やや難

着眼点

問1　写真に写っている植物は**CAM植物の一種であるサボテン**なので，CAM植物の光合成の特徴を選べばよい。

問2　DNAは糖の3′のヒドロキシ基(-OH)とリン酸のヒドロキシ基が縮合することによって鎖状構造がつくられている。よって，**糖の3′のヒドロキシ基が他の基になっていると次のヌクレオチドが結合できない。**

問3　図2の結果より，鋳型DNAの塩基配列を特定する。「合成鎖は鋳型鎖と相補的であること」と「開始コドン(メチオニン：AUG)に対応した塩基配列の近傍に塩基置換がある」という条件を踏まえて解答する。

解説

問1【CAM植物の特徴】 21 **正解**：①　標準

①○：CAM植物は，カルビン・ベンソン回路以外に，二酸化炭素を効率よく固定する別の反応系をもつ。

②×：CAM植物はC_4化合物を**葉肉細胞**でつくる。

③×：CAM植物は**夜間**に気孔を開いて二酸化炭素を吸収し，C_4化合物を合成する。

④×：C_4回路で働く酵素(PEPカルボキシラーゼ)は，ルビスコよりも低い二酸化炭素濃度でも極めて高い活性を示すので，その反応経路はカルビン・ベンソン回路に比べて**低濃度の二酸化炭素でよい。**

⑤×：CAM植物では，合成されたC_4化合物はリンゴ酸に変えられて**液胞**に蓄えられている。

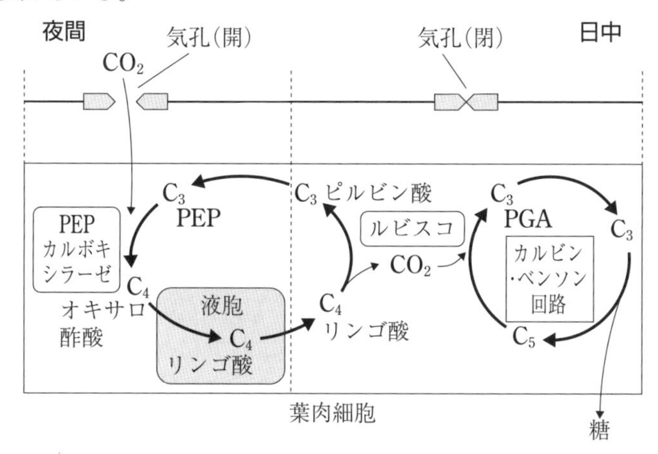

問 2 【サンガー法（デオキシ法）に用いる特殊な塩基】

22 **正解**：③　　やや難

DNA のヌクレオチド（糖がデオキシリボース）	RNA のヌクレオチド（糖がリボース）	特殊なヌクレオチド（3′にヒドロキシ基なし）
リン酸 — CH_2、O、塩基、C、H、3′、OH、H	リン酸 — CH_2、O、塩基、C、H、3′、OH、OH	リン酸 — CH_2、O、塩基、C、H、3′、H、H

上の図はDNA，RNAのヌクレオチドとサンガー法に用いる特殊なヌクレオチドの構造式である。特殊なヌクレオチドは3′のヒドロキシ基(-OH)が水素原子(-H)になっているため，次のリン酸が結合することができない。

問 3 【サンガー法を利用した変異の原因決定】

23 **正解**：⑤　　やや難　思

合成鎖のうち最も短いものは，プライマーに結合する一つ目のヌクレオチドでDNA合成が停止したもので，それが最も長い距離を移動する。よって，図2の結果より，プライマーに結合する一つ目のヌクレオチドの塩基は変異体X，野生型ともにCである。同様にして二つ目はT，三つ目はAと決定していくことができる。

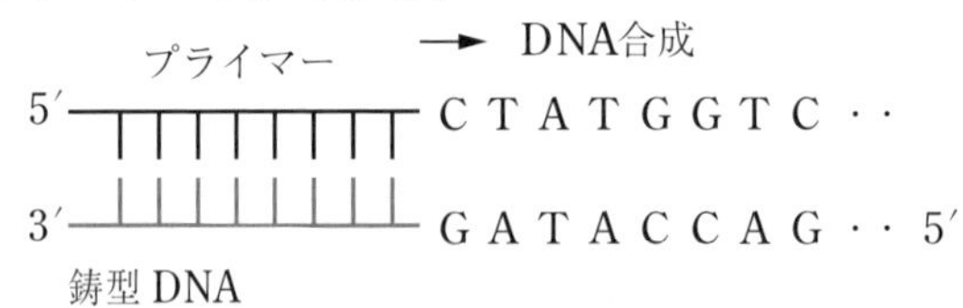

野生型および変異体Xの合成鎖の塩基配列は次のようになる。

野生型 DNA　（鋳型鎖）：5′…CTATGGTCT**T**AGCGTAG… 3′

変異体X DNA（鋳型鎖）：5′…CTATGGTCT**A**AGCGTAG… 3′

合成鎖は転写に用いられる側の鎖(鋳型鎖)に対して相補的に合成されたことに注意し，野生型と変異体Xから転写されるmRNAの塩基配列を決定する。

野生型 mRNA　：5′…CUAUGGUCU**U**AGCGUAG… 3′

変異体X mRNA：5′…CUAUGGUCU**A**AGCGUAG… 3′

ここで，問題文「変異体Xでは，**開始コドン**に対応した塩基配列の近傍に塩基置換がある」という条件より，この領域に開始コドンがあることがわかる。これより，**開始コドンを1番目として3番目のコドンがUUA(ロイシン)からUAA(終止コドン)になる**ことがわかる。

野生型 mRNA	：5′…CU | AUG | GUC | UUA |… 3′
	開始コドン　　　↓置換
変異型 X mRNA	：5′…CU | AUG | GUC | UAA |… 3′
	開始コドン

（mRNAの読み枠は必ず左端からとは限らず，本問のように条件が与えられることが多いので，それを見落とさずに決定すること）

分析編
解答・解説編
2021年(第1日程)
予想問題・第1回
予想問題・第2回
予想問題・第3回

研　究

【C_4 植物と CAM植物】

熱帯や乾燥地域に生育する植物には，二酸化炭素を効率よく固定する回路をもつ 2 種類の植物が知られている。

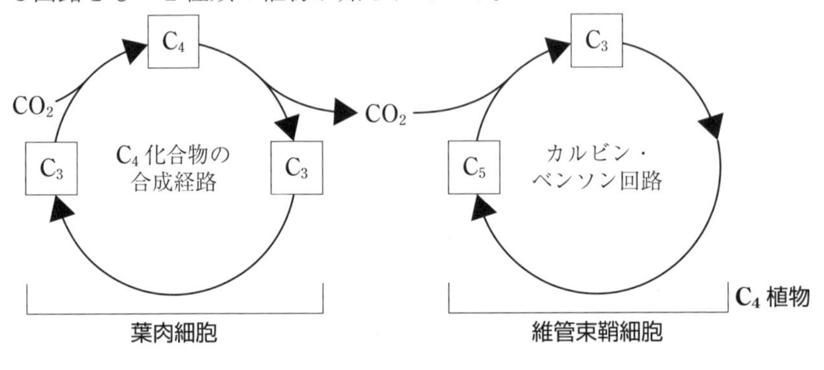

	C_4 植物	CAM 植物
生物例	トウモロコシ・サトウキビ	ベンケイソウ・パイナップル
CO_2 を最初に取り込む場所（時間）	葉肉細胞（昼間）	葉肉細胞（**夜間**）
カルビン・ベンソン回路の場所（時間）	**維管束鞘細胞**（昼間）	葉肉細胞（昼間）

研　究

【塩基配列解析法(サンガー法)】

サンガー法とは，DNA 複製を利用して**塩基配列を調べる方法**である。

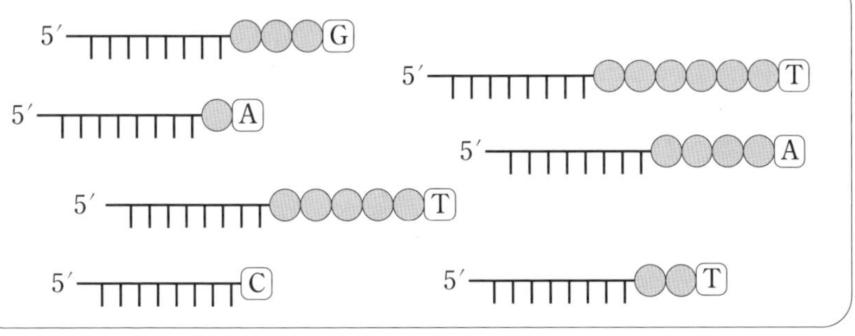

電気泳動

電気泳動の結果から，調べたい DNA に相補的な塩基配列は

5′…CATGATT… 3′

なので，**調べたい DNA の塩基配列**は

3′…GTACTAA… 5′

とわかる。

第5問B 遺伝暗号の解読／母性遺伝／分子時計

着眼点

問4　**実験1**で見られるコドンはACAとCAC，**実験2**で見られるコドンはAAC，ACA，CAAが考えられる。

問5　リードの会話「ミトコンドリアの遺伝は“細胞質遺伝”あるいは“母性遺伝”と言われていて，子どもには卵細胞つまり**母親由来のミトコンドリアだけが伝えられる**」ことを踏まえて解答する。

問6　リードの会話「ミトコンドリアDNAは17,000塩基対の大きさをもつ」という条件と，現生人類とミトコンドリア・イブのミトコンドリアDNAは80個の塩基の違いがあることから，**分子時計**の考えに基づいて計算する。

解　説

問4【遺伝暗号の解読】　24　正解：⑤　25　正解：②　26　正解：⑦　27　正解：⑦　標準　思

実験1：**ACA**とCACのコドンはヒスチジンか**トレオニン**を指定している。

実験2：AAC，**ACA**，CAAのコドンはアスパラギンかグルタミンか**トレオニン**を指定している。

実験1，2で共通しているコドンが**ACA**で，両実験ともにトレオニンを指定しているので，トレオニンのコドンがACAであると特定できる。また，**実験1**より残ったCACがヒスチジンであることも特定できる。しかし，**この実験だけではAACおよびCAAがアスパラギンかグルタミンかは特定することができない**。

問5【ミトコンドリアDNAの遺伝】　28　正解：⑤　標準　思

ミトコンドリアDNAは母性遺伝なので，**母親のものだけが次代に伝えられる**。正常なミトコンドリアDNAをX，変異を起こしたミトコンドリアDNAをxとする。

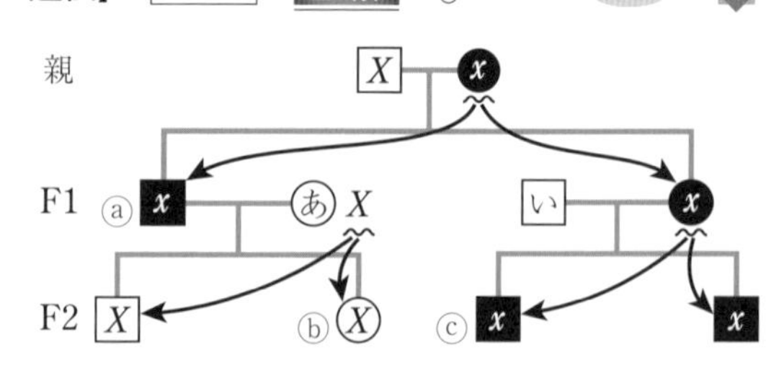

図より，異常な形質を示すのはⓐとⓒである。なお，ミトコンドリアがもつDNAは環状の2本鎖DNA一つだけ（相同染色体は存在しない）なので，遺伝子型がXXやXxになることはない。

問 6 【分子時計】 29 正解：② やや難 思

現生人類とミトコンドリア・イブとの塩基の違いは$\frac{80}{17000}$なので，

100 万年：3 % = ［ア］万年：$\frac{80}{17000}$ より，［ア］= 15.6 … ≒ 16（万年前）となる。

+αの知識 この結果は，現生人類の直系の祖先が約 20 万年前にアフリカで誕生し，その一部が約 10 万年前頃にアフリカから世界各地へ広がり始めたという事実に反しない。生物では**計算結果が事実と大きく反することはないので，知識を使って検算できる。**

研　究

【ヒトの分類】

ヒトは脊索動物門，哺乳綱，霊長目に属している（霊長目にはオラウータン，ゴリラ，チンパンジーなどの類人猿も属する）。

ヒト科	アウストラロピテクス属		猿人
	ホモ属	エレクトス	原人
		ネアンデルターレンシス	旧人
		サピエンス	新人

人類と類人猿の大きな違いは，人類が**直立二足歩行**をすることである（その結果，人類は「大後頭孔が真下にくる」「骨盤が広くなる」「おとがいが形成される」「前肢（ぜんし）が短くなる」「眼窩上隆起（がんかじょうりゅうき）が小さくなる」などの特徴をもつ）。

【人類の出現時期と脳容量の変化】

	出現時期	脳容量（mL）
サヘラントロプス	700 ～ 600 万年前	320 ～ 380
アウストラロピテクス	370 ～ 300 万年前	500
ホモ・エレクトス	240 ～ 180 万年前	1000
ホモ・ネアンデルターレンシス	30 ～ 3.5 万年前	1500
ホモ・サピエンス	20 万年前～現在	1500

予想問題・第3回 解答・解説

100点／60分

解　答

問題番号(配点)	設問	解答番号	正解	配点
第1問(14点)	1	1	2	3
	2	2	1	3
	3	3	4	4
	4	4	3	4
第2問(21点)	1	5	3	3
	2	6	3	4
	3	7	6	4
	4 薬剤4	8	5	3
	4 薬剤5	9	3	3
	5	10	1	4
第3問(13点)	1	11	3	4
	2	12	2	4
	3	13	4	5

問題番号(配点)	設問		解答番号	正解	配点
第4問(11点)	1		14	1	3
	2		15	3	4
	3		16	5	4
第5問(22点)	A	1	17	4	3
		2	18	3	4
		3	19	2	4
	B	4	20	3	4
		5	21	6	3
		6	22	2	4
第6問(19点)	A	1	23	1	3
		2	24	4	3
	B	3	25	4	3
		4	26	5	3
		5	27	5	3
		6	28	1	4

出題分野一覧

分野		1	2	3	4	5		6	
						A	B	A	B
細胞と分子	細胞の構造と働き		○					○	
	組織と個体の成り立ち								
代　謝	代謝と酵素の働き		○	○					
	呼　吸		○						
	光合成					○			
遺伝情報の発現	DNA の構造と複製								
	遺伝情報の発現	○			○				○
	遺伝子研究とその応用	○							
生殖・発生・遺伝	生　殖								○
	発　生							○	○
	遺　伝					○			
生物の生活と環境	体内環境の維持								
	動物の反応と行動	○							
	植物の環境応答				○				
生態と環境	個体群と生物群集						○		
	生物群集の遷移と分布						○		
	生態系と生物多様性								
生物の進化と系統	生命の起源と進化								
	生物の多様性と系統	○							

第1問 分類の階層／化学受容器／ゲノムの多様性／分子進化 標準

着眼点

問1 生物の分類階級は，上位から**ドメイン→界→門→綱→目→科→属→種**の順である。

問2 問題文「味覚が生じる仕組みは，視覚が生じる仕組みと似ており」より，網膜で受け取った光の情報がどのように視覚中枢へ伝えられるかを踏まえて解答する。

問3 同じ種の個体間でDNAの塩基配列に違いがあることをDNA多型といい，特に**一塩基単位での塩基配列の違い**をSNP(一塩基多型)という。

問4 **実験1・2**から，ⓐとⓑの考察で**矛盾が生じるほうを消去**する。同様に，**実験2・3**から，ⓒとⓓの考察で**矛盾が生じるほうを消去**する。

解説

問1 【ブロッコリーの分類階級】 [1] **正解**：② やや易

リード文「アブラナ科の植物であるブロッコリー」より，ブロッコリーも4枚の黄色の花弁をもった花を咲かせる**被子植物**とわかる。また，分類階級の順に並べると，**アブラナ目→アブラナ科→アブラナ属**となる。

+αの知識　普段食べているブロッコリーは，花が咲く前の蕾(つぼみ)の部分なので緑色をしているが，そのまま成長させると黄色の花が咲く。ブロッコリーがDNAの抽出実験の材料に使われるのは，たくさんの蕾が存在するため多くのDNAが回収できるからである。

問2 【味覚器】 [2] **正解**：① 標準

[エ]：閾値(いきち)とは，興奮が起こる最小限の刺激の強さのことである。よって，**閾値が大きい＝鈍感，閾値が小さい＝敏感**　である。よって，ヒトは味覚の中で閾値が最も小さい**苦味**に敏感で，閾値が最も大きい**甘味**に鈍感である。

[オ]・[カ]：視覚は，**視細胞**で生じた興奮が，**視神経**によって脳に伝えられることによって生じる。味覚も似たような仕組みで，**味細胞**で生じた興奮が，**味神経**によって脳に伝えられる。

問3 【SNP(一塩基多型)】 [3] **正解**：④ 標準

①×：SNP(または**DNA多型)の多くはタンパク質の機能とは直接関係ない**が，なかにはタンパク質の構造や発現に影響を与えるものもある。

②×：フェニルケトン尿症の原因はSNPであるが，SNPは一塩基の置換であり，挿入によってフレームシフトが生じているのではない。

+αの知識 フェニルケトン尿症は，フェニルアラニンをチロシンに代謝する酵素の遺伝子が変化することによって発症する。これにより，フェニルアラニンが血液中に蓄積して，細胞のアミノ酸の取り込みが阻害され，大脳の発達などに影響してしまう。

③×：SNP は一塩基の置換のため **DNA 断片の長さに違いは生じず**，電気泳動によって違いを検出することはできない。
④○：薬に対する抵抗性や副作用は個人によって異なるが，そのような個体差に深くかかわっている一塩基多型をみつけ，個人に最も適した薬や治療を施す**オーダーメイド医療**が注目されている。（オーダーメイド医療をテーマにした問題が予想問題・第２回の第１問にある⇒別冊・問題編 p.62）

問４【分子系統樹】 4 **正解**：③ やや難 思

ⓐ：ヒトとニシチンパンジーの**共通祖先で変異**が生じた場合

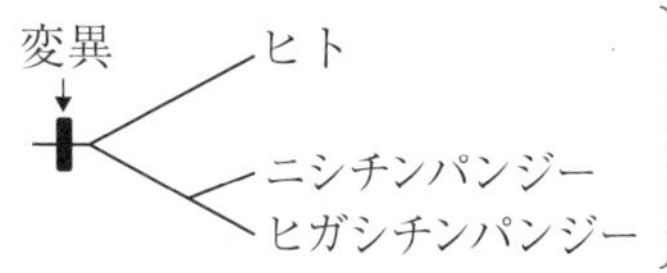

ヒト，ニシチンパンジーだけでなく，ヒガシチンパンジーでも**同様の変異**（＝物質Ｐ非感受性）がみられる。

実験１「現生のヒガシチンパンジーには物質Ｐ非感受性個体は観察されなかった」より，この考察は誤りである。

ⓑ：ヒトとニシチンパンジーの**それぞれで独立して変異**が生じた場合

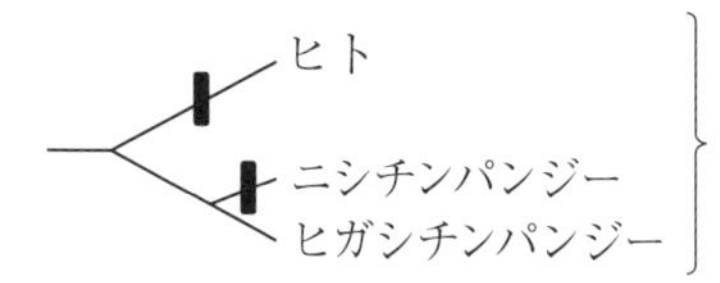

ヒトとニシチンパンジーで異なる変異がみられ，ヒガシチンパンジーには変異がみられない。

実験１「現生のヒガシチンパンジーには物質Ｐ非感受性個体は観察されなかった」，実験２「ニシチンパンジーの SNP の部位≠ヒトの SNP の部位」の条件を満たす。よって，ⓐ×，ⓑ○である。（ⓐが誤りなのでⓑは消去法で正解と考えても OK）

ⓓ：**本来の終始コドンよりも下流にあるコドンが終始コドンになった場合**

開始コドンの位置は変わらず，終止コドンの位置がより下流になるため，翻訳されるポリペプチドの分子量は大きくなるので，**実験３**と矛盾する。よって，ⓓは誤りなので消去法でⓒが正解となる。

共通テスト攻略ポイント①

消去法を有効に使え！

第2問 生命活動とエネルギー／酵素反応の調節／呼吸のしくみ

着眼点

問1　ATPの構造と性質についての知識確認問題。

問2　リード文「アロステリック酵素であるホスホフルクトキナーゼ」より，アロステリック酵素によるフィードバック調節を引き起こす原因を答える。

問3　電子伝達系についての知識の確認問題。

問4　複合体Ⅳの機能を阻害する薬剤4を加えると，$\mathbf{2H^+ + \frac{1}{2}O_2 \rightarrow H_2O}$ **が起こらない**。また，実験2のリード文「(電子伝達系は)H^+の濃度勾配に依存し，濃度勾配が大きくなりすぎると止まってしまう」より，膜をはさんだH^+の濃度勾配の形成を阻害する薬剤5を加えて濃度勾配が解消されると，**電子伝達は活発になる**。

問5　薬剤1を加えると**NADHから**，薬剤2を加えると**$\mathbf{FADH_2}$から**電子を受け渡されなくなり，薬剤3を加えると**両方の還元型補酵素から**電子を受け渡されなくなる。**コハク酸を加えるとクエン酸回路で$\mathbf{NADH_2}$が生じる**ことを踏まえて，XとYの時点で加えた薬剤を特定する。

解　説

問1【ATPの構造と性質】　5　**正解**：③　やや易

①×：ATPの**リン酸どうしの結合**を高エネルギーリン酸結合という。

②×：発酵(アルコール発酵や乳酸発酵など)で合成されるATPは**解糖系で合成されたもの**である。

③○：ATPは**細胞膜を通過できず**，ナトリウムポンプは**ATP結合部位が細胞の内側にある**ため，ナトリウムポンプは細胞内のATPしか利用することができない。

④×：ATPは物質の合成・筋収縮など細胞内でのさまざまな生命活動に利用されるが，**抗原抗体反応には関与しない**。

問2【アロステリック効果】　6　**正解**：③　やや易

アロステリック酵素は，活性部位※以外に特定の物質が結合する部位(＝**アロステリック部位**)をもち，結合により立体構造が変化して**活性部位に基質が結合できなくなる**。アロステリック酵素であるホスホフルクトキナーゼは，解糖系の最終生成物であるATPにより制御されており，ATPが高濃度で存在すると，酵素の反応速度が低下しATPの合成速度が下がる。

※活性部位…酵素において，基質に結合して作用を及ぼす部分。

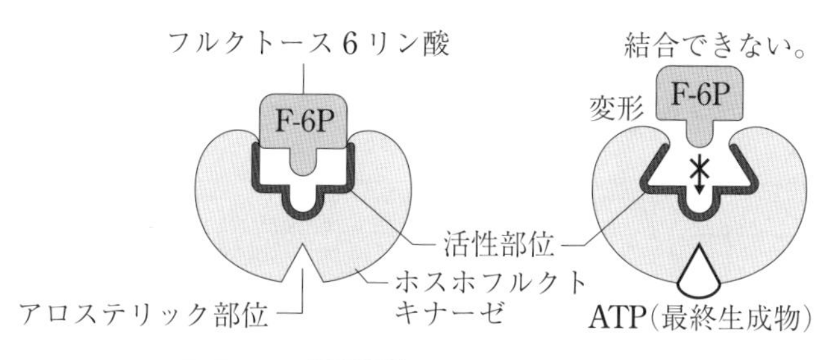

問3 【電子伝達系】 7 **正解**：⑥ 標準

ア ：コハク酸脱水素酵素クエン酸回路で働き基質はコハク酸で，ルビスコはカルビン・ベンソン回路で働く酵素である。

イ ・ ウ ：H^+がATP合成酵素を介して濃度の高い**膜間腔**から濃度の低い**マトリックス**に流れ込もうとするエネルギーを利用してADPからATPが合成される。

共通テスト攻略ポイント①

消去法を有効に使え！

＊ 共通テストでは一部の教科書にしか記述のない知識（本問ではシトクロームオキシターゼ）おいても，**選択肢の中での消去法によって正解に到達できる**ように作題されている。

問4 【電子伝達系の阻害①】

8 **正解**：⑤　9 **正解**：③ やや難 

複合体Ⅳの機能を阻害する薬剤4を加えると，$2H^+ + \frac{1}{2}O_2 \rightarrow H_2O$ が起こらないので，**酸素の消費が起こらない**(＝⑤)(酸素の発生は起こらないので，④を選ばないようにする)。

また，膜をはさんだH^+の濃度勾配形成を阻害する薬剤5を加えて濃度勾配が解消されてしまうと，電子伝達が活発になるため，**酸素の消費が増える**(＝③)。

問5 【電子伝達系の阻害②】 10 **正解**：① 難 

共通テスト攻略ポイント③

実験の着眼点は選択肢から教えてもらう！

選択肢より次の2点を考察する。

- “試薬”を加えることにより**NADHと$FADH_2$のどちらが発生**したのか？
- 「Xで加えた薬剤により，電子伝達が停止＋コハク酸を加えると再び電子伝達が起こる＋Yで加えた薬剤により，電子伝達が停止」

から，**XとYで加えた薬剤は1～3のいずれか**？

薬剤1～3の効果を整理すると，

	NADH 由来の電子の受け渡し	$FADH_2$ 由来の電子の受け渡し
薬剤1	阻害	影響なし
薬剤2	影響なし	阻害
薬剤3	阻害	阻害

ここで，コハク酸を加えることにより再び酸素濃度が低下(＝電子伝達が起こる)していることから，以下の過程が考察される。

(**過程1**)“試薬”を加えることにより**NADHが発生**し，複合体Ⅰ→Ⅲ→Ⅳを電子が流れて，酸素が消費される。

(**過程2**)Xの時点で**薬剤1**を加えることにより，電子の流れが止まる。

(**過程3**)コハク酸を加えることで**$FADH_2$が生じ**，複合体Ⅱ→Ⅲ→Ⅳを電子が流れて，酸素が消費される。

(**過程4**)Yの時点で**薬剤3**を加えることにより，電子の流れが止まる。

研　究

【呼吸の仕組み(呼吸基質がグルコースの場合)】

$C_6H_{12}O_6 + 6O_2 + 6H_2O \longrightarrow 6CO_2 + 12H_2O$(＋38ATP(最大))

第1段階：解糖系

…1分子のグルコースが分解されて，2分子のピルビン酸に分解される。

第2段階：クエン酸回路

…ピルビン酸が完全に二酸化炭素に分解される。

第3段階：電子伝達系

…解糖系とクエン酸回路で生成されたNADHや$FADH_2$から電子が渡され，電子は最終的に酸素に渡されて水が生成する。

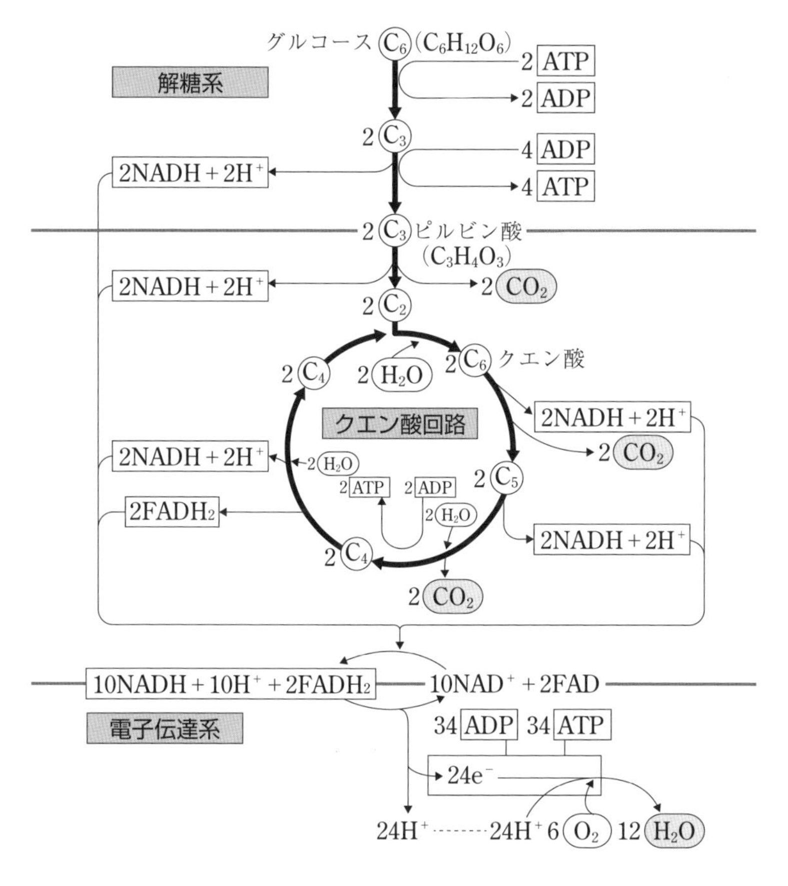

1	解糖系	$C_6H_{12}O_6 + 2NAD^+$ $\longrightarrow 2C_3H_4O_3 + 2NADH + 2H^+$ ＋エネルギー(2ATP)
2	クエン酸回路	$2C_3H_4O_3 + 6H_2O + 8NAD^+ + 2FAD$ $\longrightarrow 6CO_2 + 8NADH + 8H^+ + 2FADH_2$ ＋エネルギー(2ATP)
3	電子伝達系	$10NADH + 10H^+ + 2FADH_2 + 6O_2$ $\longrightarrow 12H_2O + 10NAD^+ + 2FAD$ ＋エネルギー(最大 34ATP)

第３問 タンパク質の立体構造／ヒトの体液

着眼点

問１ ［イ］：例えばH3M1で記される四量体を構成するサブユニットは，それぞれのサブユニットの位置を考慮すると，HHHM，HHMH，HMHH，MHHHの４通りとなる。同様に，H2M2およびH1M3が何通りになるかを考えればよい。

問２ 正常な人と患者の血清中LDHアイソザイム存在比率を比較すると，患者では**M4の比率が大幅に増えている**ことがわかる。これが何を意味しているのかを考察する。

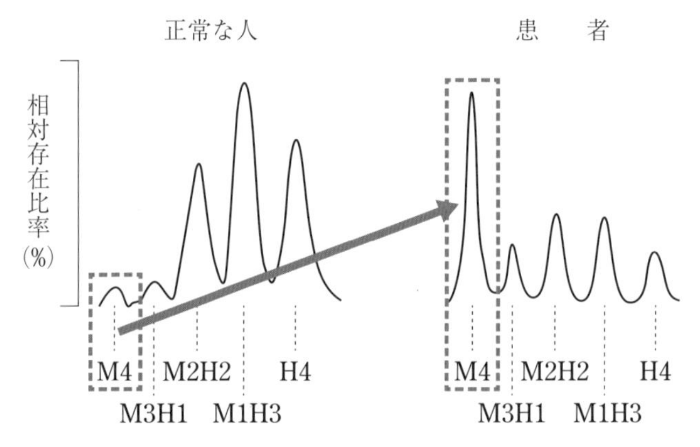

問３ 組換え酵素(純粋なLDHの試料)のデータ(①÷②)より，**LDH 1mgでの酵素活性が150(unit)**であることがわかる。

精製段階	①：酵素活性(unit)	②：タンパク質総含有量(mg)
組換え酵素(純品)	3000	20

各精製段階におけるタンパク質総含量がLDHであった場合の酵素活性を求め，その値が実測値(表２の酵素活性)と一致していれば，その操作の段階で完全に精製されたと言える。

解　説

問１【アイソザイムの存在比率】 ［11］ **正解：③** 標準

［ア］：心筋のLDHのザイソザイムの存在比率より，H4の割合が60％と多く，M4の割合が５％と少ないことがわかる。これより，心筋では主に**H型**のLDHのポリペプチドがつくられていると考えられる。

［イ］：着眼点に記したようにH3M1は**４通り**考えられ，H2M2の場合

はHHMM，HMHM，HMMH，MHHM，MHMH，MMHHの**6通り**，H1M3はH3M1と同様に**4通り**である(組み合わせを使えば，H3M1は $_4C_1 = 4$，H2M2は $_4C_2 = 6$ で求めることができる)。よって，H4：H3M1：H2M2：H1M3：M4 = **1:4:6:4:1** となる。

アイソザイム	H4	H3M1	H2M2	H1M3	M4
存在比	$\frac{1}{16}$	$\frac{4}{16}$	$\frac{6}{16}$	$\frac{4}{16}$	$\frac{1}{16}$
複合体の例	ⒽⒽ ⒽⒽ	ⒽⒽ ⒽⓂ	ⓂⒽ ⒽⓂ	ⓂⓂ ⒽⓂ	ⓂⓂ ⓂⓂ

問2 【血液検査のLDHの値】 12 **正解**：② 標準 思

正常な人と患者の血清中LDHアイソザイム存在比率を比較すると，患者ではM4の比率が大幅に増えていることがわかる。これは，M4の存在比率が多い組織の細胞が壊れて血液中に漏れ出していることを意味する。よって，表1より**M4の割合が多い肝臓が障害を受けた**と推定できる。(肺もM4の割合が多いがH1M3の割合も多い。よって，肺が障害を受けたのであればM4だけでなくM1H3の比率も高くなるので不適)

問3 【LDHの精製実験】 13 **正解**：④  

組換え酵素(純粋なLDHの試料)のデータより，LDH1mgでの酵素活性が150(unit)であることがわかる。もし，操作1で完全に生成されているのであれば，LDH活性は32 × 150 = 4800(unit)になるはずだが，実際の酵素活性は780(unit)と小さい。これは，タンパク質総含有量の中にLDH以外のタンパク質が含まれていることを意味する。同様の計算を操作2～5で行ったものをまとめると，以下の通りである。

精製段階	タンパク質 総含有量(mg)	全てがLDHだった ときの活性(unit)	実際の酵素活性 (unit)
操作1	32	32 × 150 = 4800	780
操作2	5.8	5.8 × 150 = 870	540
操作3	3.8	3.8 × 150 = 570	420
操作4	2.3	2.3 × 150 = 345	345
操作5	1.8	1.8 × 150 = 270	270

これより，**操作4以降**は「タンパク質総含有量 = LDH」が成立，つまりほぼ完全に生成されたと考えられる。

第4問 遺伝子の発現と調節／限界暗期と花芽の形成／花芽形成を促進する物質

着眼点

問1 遺伝子の発現調節にかかわる領域を正しい順に並べる。

・**転写調節領域**…調節タンパク質(遺伝子の転写のしかたを調節するタンパク質)が結合する。
・**プロモーター**…転写開始に関与するDNA領域で，基本転写因子が結合する。
・**翻訳開始点**…開始コドン(AUG)を指定する塩基配列。

問2 「光周性」「限界暗期※と花芽の形成」についての知識確認問題。

※限界暗期…長日植物において花芽形成が起こる最長の暗期の長さ，および短日植物において花芽形成に必要な最短の暗期の長さのこと。

問3 実験1より「**光処理Xを施すと花芽形成が起こらなくなる**」「**葉の除去による花芽形成への影響はない**」という2点がわかる。また，実験2より「**光処理Xを加えられた葉が存在すると花芽形成が起こらなくなる**」ということがわかる。これら3つの事がらから考察する。

解説

問1【フロリゲンの実体を解明する研究】 14 **正解**：①

真核生物の転写調節は以下のように行われるので，上流から「**転写調節領域→プロモーター→翻訳開始点**」の順に配列される。

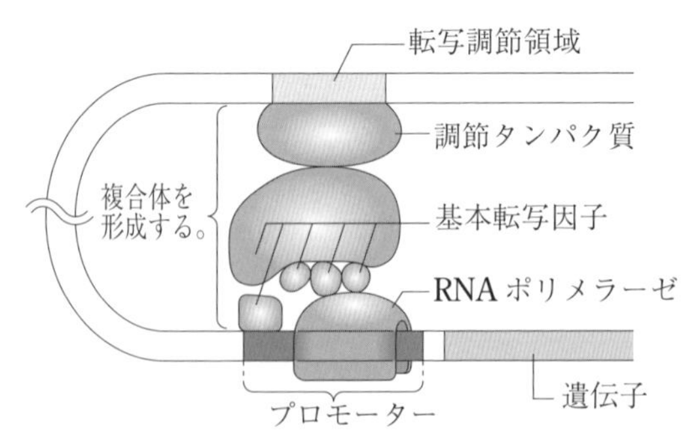

＊この問題は試行調査の改題であるため，レベルを易とした。出題の意図は，共通テスト生物は過去に出題された問題からの改題がよく見られるため，共通テストおよびセンター試験の過去問を必ず解くことを伝えるためである。

問２【光中断による花芽形成】 15 正解：③ 標準

ⓐ$^{\times}$：条件１・２で，限界暗期以下の連続した暗期のときに花芽形成がみられたので，この植物は日長が一定以上(暗期の長さが一定以下)になると花芽を形成する**長日植物**である。

ⓑ$^{\times}$：「赤色光の短時間の光照射には光中断の効果があるが，赤色光の照射後に遠赤色光を短時間照射すると，赤色光の効果が打ち消される」より，条件３・４の連続暗期は図のようになる。よって，条件３では**花芽形成がみられる**が，条件４では**花芽形成がみられない**。

ⓒ$^{\bigcirc}$：植物の光受容体には赤色光を吸収する**フィトクロム**，青色光を吸収する**フォトトロピン**と**クリプトクロム**がある。

問３【キクの開花調節機構】 16 正解：⑤  

共通テスト攻略ポイント③

実験の着眼点は選択肢から教えてもらう！

実験２の図３と図４で実験結果が変わったことより，**茎ではなく葉が光処理Ｘを受容**することにより**花芽形成が抑制**されたことがわかる。よって，選選択肢より「葉が光処理Ｘを受容する」ことにより，「花芽形成を抑制する物質が合成」されたと考察できる。

研　究

【光受容体】

植物が生活するうえで重要な環境要因である光を受容するタンパク質を光受容体という。

名称	受容する光	関与する現象
フィトクロム	赤色光・遠赤色光	・花芽形成 ・光発芽種子の発芽
フォトトロピン	青色光	・光屈性 ・気孔の開口 ・葉緑体の定位運動
クリプトクロム		・茎の伸長抑制

第5問A　植物の窒素同化

着眼点

問1　「植物の窒素同化」「窒素固定」「動物の窒素同化についての知識確認問題。

問2　表1より，地上部に変異体hを用いた接ぎ木植物で過剰に根粒が着生していることがわかる。また，下線部(a)「マメ科植物から根粒菌には光合成産物である炭水化物が提供」より，なぜ，根粒が過剰に形成されると生育が大きく阻害されるのかを考察する。

問3　実験1のリード文「遺伝子 *H* は遺伝子 *h* に対して，遺伝子 *R* は遺伝子 *r* に対して，それぞれ優性(顕性)」より，変異体hの遺伝子型は *hhRR*，変異体rの遺伝子型は *HHrr* であることに注意して，雑種第一代(F_1)の遺伝子型より，その形質を考察する。

解　説

問1【植物と動物の窒素同化】　17　**正解**：④　標準

①○：窒素固定を行う細菌は**窒素固定細菌**とよばれ，**根粒菌**のほかに好気性細菌の**アゾトバクター**や嫌気性細菌の**クロストリジウム**などがある。

②○：根粒菌はNH_4^+を利用して有機化合物をつくり出すことができないため，単独生活しているときには窒素固定を行わない。

③○：提供されたNH_4^+は，呼吸の過程でつくられたさまざまな有機酸に転移され，アミノ酸がつくられる。つくられたアミノ酸は，ペプチド結合してタンパク質となったり，核酸やATP，クロロフィルなどの有機窒素化合物の合成に用いられたりする。

④×：動物は，無機窒素化合物から有機窒素化合物を合成することができない。そこで，有機窒素化合物を食物として取り込み，アミノ酸にまで消化し，これを材料として各種のアミノ酸につくり変えたり，タンパク質・核酸・ATPなどの有機窒素化合物を合成したりしている。よって，動物は**無機窒素化合物を同化に利用できない**が，外部由来の**単純な有機窒素化合物(アミノ酸)から複雑な有機窒素化合物(タンパク質など)を合成する窒素同化**を行っている。

問2【根粒菌とマメ科植物の共生関係①】　18　**正解**：③　標準　思

変異体hは野生型に比べて過剰に根粒が着生する表現型を示す。表1より，(地上部:野生型/ 地下部:変異体h)の場合は根粒形成数が野生型と同じであるが，(地上部:変異体h/ 地下部:野生型)の場合は過剰形成なので，変異体hで変異が生じている場所は**地上部**であることがわかる。

根粒が過剰に形成されると，マメ科植物から根粒菌に提供される光合成産物も過剰となってしまう。よって，変異体hの生育が野生型に比べて大きく阻害された理由は，過剰の**根粒形成により，生物の生育に必要な光合成産物が奪われた**からと考えられる（なお，変異体rの生育が阻害された理由は，無機窒素化合物をほとんど含まない土壌のため根粒を形成できず，無機窒素化合物が不足して十分な窒素同化ができなかったためである）。

問3【根粒菌とマメ科植物の共生関係②】 19 **正解**：② 標準 思

変異体h（遺伝子型 *hhRR*）と変異体r（遺伝子型 *HHrr*）を交配した雑種第一代（F_1）の遺伝子型は *HhRr* で，**野生型と同じ表現型を示す**と考察できる。

＋αの知識　根に十分な数の根粒が形成されると，地上部で遺伝子 *H* の発現が促進され，その遺伝子産物が根に送られることで，根粒形成を促進する遺伝子 *R* の発現が抑制される。

研　究

【窒素同化】

生物が体外から取り入れた窒素化合物から有機窒素化合物を合成する働きを**窒素同化**という。多くの植物では，土壌中の硝酸イオン（NO_3^-）を窒素源として根から吸収し，還元することでアンモニウムイオン（NH_4^+）にする。この NH_4^+ を，呼吸の過程で生じたさまざまな有機酸と反応させることによりアミノ酸がつくられる（窒素同化）。

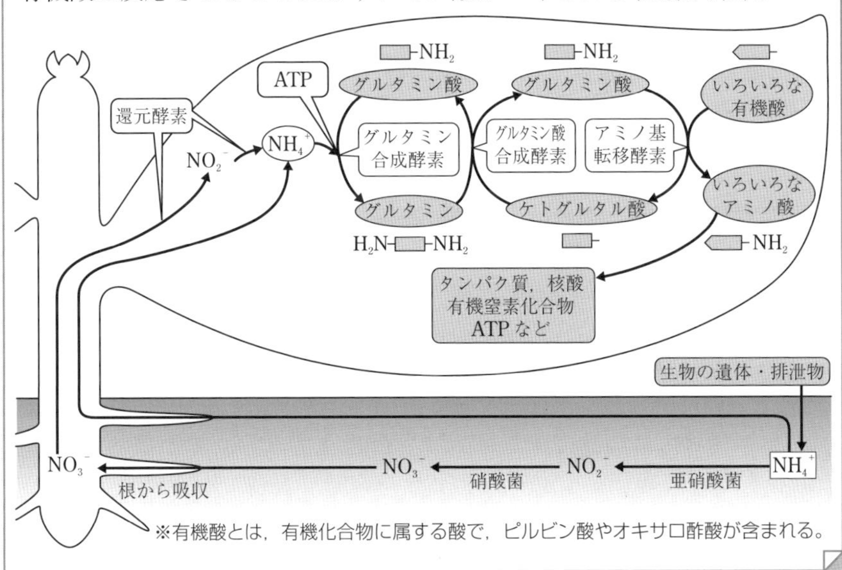

※有機酸とは，有機化合物に属する酸で，ピルビン酸やオキサロ酢酸が含まれる。

第5問B 生物基礎 遷移の過程とそのしくみ／個体群の齢構成と生存曲線

着眼点

問4　リード文および表2を整理すると，戦略Aは**極相で生育する植物**，戦略Bは**遷移初期に生育する植物**がとる戦略であることがわかる。

	戦略A	戦略B
個体群密度	高い。	低い。
選択される形質	遅い繁殖。 大きい種子を少なくつける。	1年のうちに繁殖を行う。 小さい種子を数多くつける。
植物	極相種	先駆種

問5　戦略Bを動物の繁殖戦略にあてはめると「小さい種子を数多くつける≒**産卵数が多い**」と考えられる。よって，**早死型の生存曲線およびその動物**を選べばよい。

問6　**生命表**とは「出生後の時間経過とともに，産まれた子の数がどのように減っていくかを示した表」，**齢構成**とは「個体群における世代や年齢ごとの個体数の分布」のことである。

解説

問4【遷移の進行と環境の変化】 20 **正解**：③　標準

裸地であったところに多少の先駆的な草本植物※が侵入した状態では個体群密度が低いが，樹木の侵入にともない森林が形成されるにつれて個体群密度は高くなっていく。すなわち，**遷移の初期に現れる種(先駆種)は戦略B**を，**極相で多くみられる種(極相種)は戦略A**をとると考えられる。

※草本植物…いわゆる「草」のこと。草本植物に対して，樹木を「木本植物」ということもある。

①×：草本植物のイタドリは先駆種であるので**戦略B**をとる。なお，先駆種は日なたの光の強いところで生育するため，光補償点※が大きい。

*光補償点…光合成速度と呼吸速度が等しくなるときの光の強さ。

②×：木本植物のヤシャブシは先駆種であるので**戦略B**をとる。オオバヤシャブシは**根に根粒菌を共生させる**ため，土壌中の栄養分が乏しい環境でも生育できる(菌類とシアノバクテリアの共生体が地衣類である)。

③○：夏緑樹林の極相種であるブナは，**戦略A**をとる。極相種はその環境に定着するのに適した形態の種子をもつので，大きく重い種子(例：どんぐり)をつくる。

④×：照葉樹林の極相種であるタブノキは，**戦略A**をとる。極相種は，芽

ばえや幼木のときには耐陰性が高く，成木になると強い光のもとでよく成長する樹木(**陰樹**)であることが多い。

＊この設問は「『生物基礎』からの出題」である。試行調査では2回とも生物基礎範囲からの出題があったため，今後も出題される可能性がある。

問5【生存曲線の3つの型】 21 正解：⑥ やや易

戦略Bを動物の繁殖戦略にあてはめると「小さい種子を数多くつける≒**産卵数が多い**」と考えられる。

	生物例	産卵(子)数	親からの保護
X型(晩死型)	哺乳類(例：ヒト，サル) 社会性昆虫(例：ミツバチ)	少ない	手厚い
Y型(平均型)	小形の鳥類(例：シジュウカラ) は虫類(例：トカゲ)	↓	↓
Z型(早死型)	水生無脊椎動物(例：カキ) 魚類(例：マイワシ)	多い	ない

問6【個体群の特徴を調べる方法】 22 正解：② 標準

生命表は，ある個体群における，ある年に生まれた子を全て追跡調査し，年齢あるいは生育段階ごとの死亡率や産子数を測定して表にしたものである。一年生植物や，リスなどの小動物のように，**寿命が比較的短い動植物に用いられる**。しかし，スギなどのように**樹齢が数千年にも及ぶような**一部の植物では，発芽してから枯死するまで追跡調査を行うことは現実的ではない。その場合は，ある時点における**齢構成**を調査し，どの年齢の個体が個体群のどれだけを占めているかという情報から，生存率を推定する。なお，齢構成から樹木の生存率を推定する際に，不定期に大規模な山火事や洪水があるような不安定な環境に成立している個体群を選択してしまうと，生存率を計算することは困難である。ヒトの齢構成(＝人口ピラミッド)を調べて，向こう数十年の人口予測が立つのは，ヒトが安定した環境で，少産少死で戦略Aをとる動物であるためである。

+αの知識 生物種が繁殖するときにとる戦略をr−K戦略という。

① r戦略：増加率(＝r)を大きくする戦略。つまりできるだけ多くの子を残そうとする戦略で，本問の戦略Bに相当する。

② K戦略：環境収容力(＝K)に関した戦略。その環境収容力において，競争力の強い子を確実に残そうとする戦略で，本問の戦略Aに相当する。

第6問A 細胞骨格／ウニの精子の鞭毛(べんもう)運動

着眼点

問1　「細胞骨格」についての知識確認問題。

問2　条件2「クレアチンリン酸の反応を阻害すると先端部の屈曲が起こらない」，条件3「クレアチンリン酸が使えなくてもATPがあれば先端部で屈曲は起こる」の2つの情報から解答する。

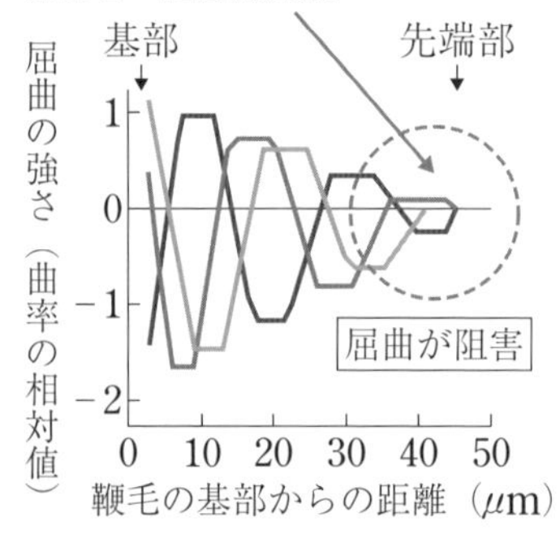

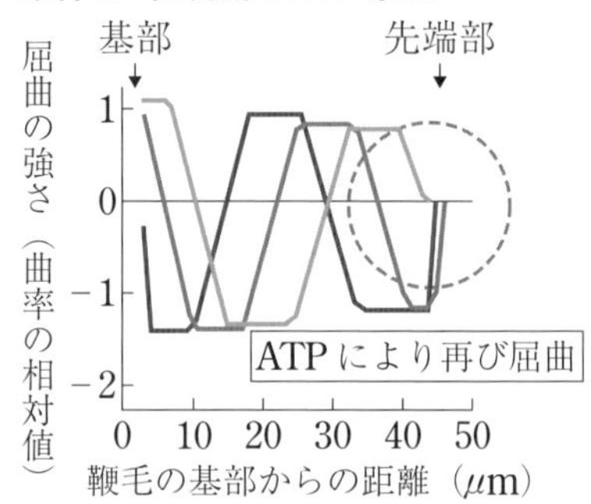

解　説

問1　【細胞骨格：細胞の形状の保持と運動】　23　**正解**：①　標準

①$^{\times}$：細胞骨格の直径は，微小管＞中間径フィラメント＞アクチンフィラメント　である。

問2　【ウニの精子における代謝】　24　**正解**：④　標準　思

共通テスト攻略ポイント③

実験の着眼点は選択肢から教えてもらう！

クレアチンリン酸とATPの関係は以下のとおりである。

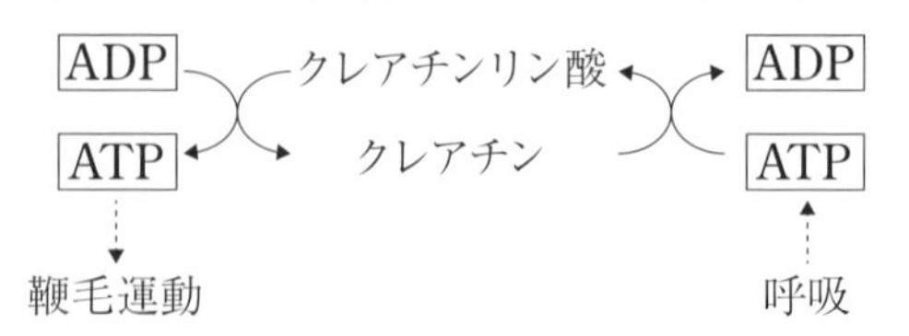

選択肢より，エネルギー供給において先端部にATPまたはクレアチンリン酸のどちらの状態で輸送されるかを考えればよい。

(i)　**ATPの状態で先端部へと送られた場合**

条件2で酵素X(クレアチンリン酸をクレアチンに変換する反応を触媒)

を阻害しても，先端部での屈曲に影響はないはずである。よって誤り。

(ii) **クレアチンリン酸の状態で先端部へと送られた場合**

条件2では酵素Xを阻害したことにより，クレアチンリン酸＋ADP→クレアチン＋ATPの反応によるATPの供給が起こらなかったので，先端部では屈曲が起こらなかった。

よって，頭部(のミトコンドリア)で合成された**ATP**が**クレアチンリン酸**の状態で先端部へと送られていることがわかる。

ここで，鞭毛内の物質移動だが，エンドサイトーシスとエキソサイトーシスは，細胞膜のリン脂質二重膜や膜タンパク質を通過できない大きな分子が細胞内外へ移動するときに行われる輸送である。今回は細胞内の移動なのでどちらも誤りであり，消去法で**拡散**が正解と決定できる。

エンドサイトーシス	小胞と細胞膜の融合による物質の**分泌**
エキソサイトーシス	小胞と細胞膜の融合による物質の**取り込み**

共通テスト攻略ポイント①

消去法を有効に使え！

研　究

【細胞骨格の構造】

名称	アクチンフィラメント	微小管	中間径フィラメント
直径(nm)	7	25	8～12
構成タンパク質	アクチン	チューブリン	ケラチン ラミナなど
モータータンパク質	ミオシン	キネシン(＋端側へ) ダイニン(－端側へ)	――――

【細胞骨格の働き】

アクチンフィラメント
①：筋収縮　②：原形質流動　③：アメーバ運動
微小管
①：鞭毛や繊毛を形成　②：中心体や紡錘糸の構成要素
中間径フィラメント
①：細胞や核の形を保持　②：核の位置の保持

第6問B DNA量の変化／受精 

着眼点

問3 ヒトでは**二次卵母細胞（減数分裂第二分裂中期）**に精子が進入し，その刺激によって減数分裂が完了する。その後，卵の核と精子の核が融合する。

問4 図4を整理すると以下のとおりであり，この結果から考察する。

マウス卵	透明帯に含まれるタンパク質	マウスの精子	ヒトの精子
野生型	マウスのZP1，ZP2，ZP3	受精○	受精×
hZP1	マウスのZP2，ZP3 ヒトのZP1	受精○	受精×
hZP2	マウスのZP1，ZP3 ヒトのZP2	受精○	受精○
hZP3	マウスのZP1，ZP2 ヒトのZP3	受精○	受精×
hZP4	マウスのZP1，ZP2，ZP3 ヒトのZP4	受精○	受精×

問5 実験2の情報を整理すると以下のとおりである。これより実験の目的である「ZP2切断の意義」として考察されるものを，選択肢から選ぶ。

		精子＋卵	2細胞期の胚
野生型	切断 ZP2 → 大ペプチド＋小ペプチド （領域Nあり） ↑ オバスタシン		
ZP2M	切断（×） ZP2M → ↑ オバスタシン		

問6 哺乳類の精子がZP2の領域Nに**直接結合する場合**と，**しない場合**で結果が変わる実験を選択すればよい。

解説

問3 【卵細胞のDNA量の変化】 25 **正解**：④ やや難

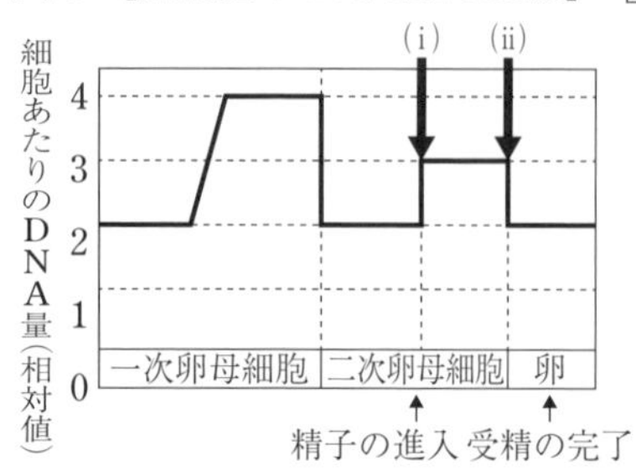

(i) 減数分裂第二分裂中期の二次卵母細胞（DNA量：2）に，精子（DNA量：1）が侵入する。

(ii) 受精の刺激で二次卵母細胞が減数分裂を再開し，卵（DNA量：1）となる。よって全体としてDNA量は1（卵）＋1（精子）＝2となる。

問 4 【透明帯のタンパク質の役割】 26 **正解**：⑤ やや難 思

ⓐ○：図 4 を整理した結果より，ヒトの精子はヒトの ZP2 が含まれるときだけ受精している。よって，**種特異性がある**と言える(なお，マウスの精子はヒトの ZP2 とも結合できるので，種特異性はない)。

ⓑ×：今回の実験で準備したマウスの卵はマウスまたはヒトの ZP1，ZP2，ZP3 の全てが存在しており，これらのタンパク質を欠失させている実験を行っていないので，全てが必要かどうかは**この結果からは判断できない**。

共通テスト攻略ポイント②

「この結果からは判断できない」ときは誤り！

ⓒ○：野生型の，hZP1，hZP2，hZP3 には ZP4 が存在していないが，マウス精子は透明帯と結合している。よって，**マウス精子とマウス卵透明帯との結合には ZP4 は不要**である。

問 5 【ZP2 切断の意義①】 27 **正解**：⑤  思

野生型と ZP2M において，卵と精子を培養した結果は変わらない。しかし，2 細胞期の胚では，野生型では精子の結合がみられないが，ZP2M では結合がみられる。これより，ZP2 の切断が起こらない(つまり領域 N が存在しない)場合でも，精子は卵に誘引され(①×)，精子は透明帯に結合しており(②×)，先体反応，受精，卵割も起こっている(③×・④×・⑥×：起こらなければ 2 細胞期になれない)。よって，**消去法**で ZP2 の切断は**多精受精を防ぐ仕組みの一端を担っている**と考察される。

共通テスト攻略ポイント①

消去法を有効に使え！

問 6 【ZP2 切断の意義②】 28 **正解**：① 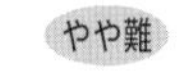 

①○：**直接結合する場合**…大量に加えた領域 N のポリペプチドとマウスの精子が結合するため，hZP2 マウス卵との結合が**起こらない**。

直接結合しない場合…大量に加えた領域 N のポリペプチドの影響はないので，hZP2 マウス卵との結合が**起こる**。

②×：ZP2M マウス卵にも，大量に加えたマウスの ZP2 のポリペプチドにも領域 N が存在しないので，**直接結合する場合**も**直接結合しない場合**も卵と精子の結合は**起こらない**。

③×：ZP2M は ZP2 が存在しないので，オバスタシンの有無にかかわらず N 領域は存在しない。よって，**直接結合する場合**も**直接結合しない場合**も卵と精子の結合は**起こらない**。

④×：ZP2 が切断されているかどうかを観察しても，精子が N 領域に直接結合しているかどうかは**判断できない**。

MEMO

MEMO

森田　亮一朗（もりた　りょういちろう）
駿台予備学校講師，N予備校・N高等学校・S高等学校生物担当。
20代から大手予備校の教壇に立ち，1年目から東大・京大クラスを任せられるなど，絶大な支持を得る。2015年に駿台予備学校に移籍し，現在も最上位クラスから基礎クラスまで幅広く担当。どのクラスでも「生物が楽しくなった！」という声が多発している。“生物は暗記科目だが，丸暗記すればよい科目ではない”をモットーに日々，関西・中部地区を中心とした様々な校舎を飛び回っている。
また，教育の経済的・地域的格差を少しでも解消したいとの思いから，2017年からネット配信のN予備校での授業を開始。現在は，N高等学校・S高等学校の生物も担当している。
駿台模試の作成だけでなく，駿台文庫の“青本”（大阪大学-理系）および『全国大学入試問題正解』（旺文社）の執筆にも携わっている。

改訂版　大学入学共通テスト
生物予想問題集

2021年10月22日　初版発行

著者／森田 亮一朗

発行者／青柳 昌行

発行／株式会社KADOKAWA
〒102-8177　東京都千代田区富士見2-13-3
電話　0570-002-301（ナビダイヤル）

印刷所／株式会社加藤文明社印刷所

●お問い合わせ
https://www.kadokawa.co.jp/（「お問い合わせ」へお進みください）
※内容によっては、お答えできない場合があります。
※サポートは日本国内のみとさせていただきます。
※Japanese text only

定価はカバーに表示してあります。

ISBN 978-4-04-605196-7　C7045